ANCIENNES MESURES

D'EURE-ET-LOIR.

ANCIENNES MESURES

D'EURE-ET-LOIR,

SUIVIES D'UN APPENDICE

SUR

L'ORIGINE DE NOTRE NUMÉRATION ÉCRITE

ET DES FRACTIONS DÉCIMALES,

PAR

A. BENOÎT,

Docteur en Droit, Juge-suppléant.

CHARTRES.
GARNIER, IMPRIMEUR-LIBRAIRE.
PARIS.
BACHELIER, IMPRIMEUR-LIBRAIRE.

1843.

AVERTISSEMENT.

Il a été publié, surtout dans ces dernières années, un nombre infini de traités sur la conversion des *anciens poids et mesures* en *poids et mesures métriques*. Mais ces traités, de mérites divers, roulant tous presque exclusivement sur les anciens poids et mesures de Paris, n'offrent qu'une utilité fort mince aux départements.

Pour nous, habitants d'Eure-et-Loir, le seul ouvrage qui pût répondre à nos besoins serait évidemment celui qui, se renfermant dans les étroites limites de notre territoire, passerait successivement en revue toutes les communes, et énoncerait, pour chacune d'elles, les mesures anciennes que la grande réforme métrique de 1793 y a trouvées en usage. Or les innombrables auteurs de traités gros ou petits paraissent tous ignorer que cet immense travail a été accompli pour la France entière, à la fin du siècle dernier.

En exécution de l'arrêté du Directoire du 3 nivôse an VI, il fut créé à Chartres, le 28 prairial suivant, une commission composée de MM. *Joliet* (administrateur du département), *Quévanne* (ingénieur en chef), *Duvivier* (ingénieur), *Vitalis* (professeur de physique et de chimie à l'école centrale), *Chauveau* (professeur de mathématiques), et *Hervé* (libraire). Cette commission s'occupa activement de la conversion en mesures républicaines de toutes les anciennes mesures d'Eure-et-Loir, et elle termina ses travaux le 27 frimaire an VII. A peine eut-elle déposé son manuscrit que le ministre de l'intérieur s'empressa de le faire imprimer, avec quelques rectifications opérées par la commission elle-même suivant procès-verbal du 22 nivôse de la même année.

Aujourd'hui les tableaux de la commission ne se trouvent plus dans le commerce. Il en est de même des *Tables* de Gattey, qui d'ailleurs ne s'occupent que des mesures agraires, et où le grand travail de la commission d'Eure-et-Loir est réduit à un peu plus d'une page.

Il était donc nécessaire de réimprimer les tableaux de cette commission, ne fût-ce que pour conserver à l'histoire un des traits les plus curieux de la vieille physionomie française qui va s'effaçant, de jour en jour, sous l'uniformité de notre civilisation.

Mais il ne fallait pas de réimpression servile ; il était à la fois indispensable et de modifier ces tableaux dans leur disposition matérielle, et surtout de corriger les erreurs relatives à la contenance des mesures elles-mêmes.

Ainsi, d'une part, au lieu de suivre l'ordre alphabétique des 460 communes existantes en l'an VII, la commission d'Eure-et-Loir a adopté la division départementale en 40 cantons, qui a subsisté depuis 1790 jusqu'au 29 fructidor an IX, et elle n'a même pas eu le soin de disposer les cantons dans l'ordre alphabétique. Les recherches étaient donc déjà extrêmement difficiles dans le manuscrit original, lorsque le ministre les rendit impossibles, en supprimant, à l'impression de la copie, la nomenclature des communes composant chacun des 40 cantons.

D'autre part, M. Chauveau, l'un des commissaires, (qui a survécu, jusqu'au 18 mars 1845, à tous ses collègues), m'a déclaré, avec une parfaite modestie, que la commission ne s'est point transportée dans les diverses communes du département, soit pour s'informer, sur les lieux, de la longueur de la *perche*, du nombre de perches carrées au *setier* ou à l'*arpent*, et des dimensions de la *corde*, soit pour mesurer elle-même les étalons de la *pinte* et du *minot* ; mais que, acceptant pour rigoureusement exacts les renseignements et les mesurages tels quels qui lui étaient transmis de chaque commune à la demande et par l'entremise de l'administration départementale, elle n'a jamais fait elle-même autre chose qu'un travail de cabinet, c'est-à-dire des calculs de conversion, des opérations arithmétiques. De là des erreurs inévitables dans les tableaux de la commission ; erreurs auxquelles il faut encore ajouter et la plus-value résultant de la loi du 19 frimaire an VIII (1), et

---

(1) Cette loi ayant diminué le mètre et le kilogramme, tous les rapports entre les anciennes et les nouvelles mesures, calculés en l'an VI et en l'an VII par la commission d'Eure-et-Loir, ont besoin d'une légère correction qui consiste à y ajouter un 3000ᵉ pour les mesures de longueur, un 1500ᵉ pour les mesures de surface, un 1000ᵉ

même les fautes typographiques qui se sont glissées, en trop grand nombre, à l'impression de la copie.

En vérité je ne comprends pas les scrupules de Gattey, qui *n'a pas cru* (dit-il, page 92) *pouvoir adopter sans restriction* (dans la 3ᵉ édition de ses *Tables*) *toutes les corrections qui lui ont été proposées, parce qu'il ne lui était pas permis de s'écarter des bases authentiques que lui ont fournies les travaux des commissions de départements, toutes les fois qu'il n'a pas reconnu qu'il y avait erreur dans leurs calculs.* Cette raison, que donne Gattey, lui paraît à lui-même bien peu satisfaisante. En effet, il déclare (p. 174) avoir rectifié le travail de la commission du Lot, relativement à la *céterée* de Figeac, d'après les observations du directeur des contributions de ce département; et de plus il termine sa 3ᵉ édition (page 278) en priant les personnes qui y découvriraient de nouvelles *erreurs* de vouloir bien les lui signaler. Il faut du reste le dire sans détour : l'ouvrage de Gattey est loin de mériter la réputation dont il jouit. Ce n'est qu'une obscure analyse des travaux des commissions départementales ; encore cette analyse est-elle souvent incomplète. Par exemple, après avoir annoncé (page 157) que l'*arpent* et le *setier* usités dans Eure-et-Loir *se divisent communément en 2 mines, 4 minots et 8 boisseaux, ou bien en 4 quartiers*, il ajoute : *mais il y a quelques variétés dont on peut s'informer sur les lieux.* Est-il possible de dire plus cavalièrement aux lecteurs trop curieux : Allez vous promener !

Quant à moi, je n'ai nullement hésité à corriger les erreurs de toute nature qui m'ont été signalées par MM. les juges de paix, les maires, les notaires, les employés de l'enregistrement, ou que j'ai moi-même découvertes dans les tableaux de l'an VII. Et je dis cela sans vanité aucune ; car je n'ai pas la prétention de présenter aujourd'hui un travail qui me soit propre, encore moins un travail complètement irréprochable, mais seulement d'avoir beaucoup amélioré le travail de la commission d'Eure-et-Loir. Aussi prié-je sincèrement le public de me signaler les erreurs qui ont pu m'é-

---

pour les mesures de capacité, un 1400ᵉ pour les poids. Pour avoir un résultat plus exact, il faut retrancher un 80ᵉ de la correction s'il s'agit d'une mesure de longueur, de surface ou de capacité, et ajouter au contraire trois 100ᵉˢ de la première correction s'il s'agit d'un poids.

chapper; je m'empresserai de les corriger si ce livre, tiré aujourd'hui à cinq cents exemplaires, parvient jamais à une deuxième édition.

J'ai encore moins hésité à changer complètement la disposition matérielle des tableaux de l'an VII. Ainsi, en ce qui concerne le tableau des mesures agraires, non-seulement j'ai adopté l'ordre alphabétique des communes du département; mais encore les communes ayant été réduites, depuis l'an VII jusqu'au 31 décembre 1842, de 460 à 453, j'ai adopté également leurs circonscriptions et dénominations nouvelles. Toutefois, lorsque les réunions ont porté sur des communes qui ne se servaient pas de mesures identiques, j'ai eu soin d'en prévenir le lecteur.

Je me suis borné, relativement aux mesures pour le bois à brûler, pour le blé et pour les liquides, à faire connaître celles des localités les plus importantes, de manière néanmoins à n'omettre aucune des mesures usitées dans le département.

Mon manuscrit étant terminé dans les premiers mois de 1841, je priai M. le Préfet (baron *Léonce de Villeneuve*) de l'offrir au conseil général, à sa première session. M. le Préfet le soumit préalablement à l'examen d'une commission composée de MM. *Moline* (ingénieur en chef des ponts et chaussées) (1), *Chasles* (président du tribunal de commerce), *Bouvet-Mézières* (juge de paix), *Person* (directeur de l'école normale primaire); et, de l'avis unanime de cette commission, il proposa au conseil général de voter l'impression de mon travail. Mais le conseil exprima le regret que l'insuffisance des ressources financières ne lui permît pas d'*en doter le département*. (*Délibérations*, pages 54, 257 et 258.)

Les frais d'impression auraient, en effet, été considérables. Le plan que j'avais adopté était large; outre la conversion des anciennes mesures du département, j'y avais fait entrer l'histoire et l'exposition complète du système métrique, la législation pénale qui le sanctionne, les ordonnances royales et instructions ministérielles sur la construction et la vérification des nouveaux poids et mesures, etc., etc. Aussi avais-je pris pour titre : *Manuel métrique d'Eure-et-Loir.*

Aujourd'hui je me décide à publier moi-même, sous un titre nouveau, la plus petite mais sans contredit la plus utile et la plus

---

(1) M. Moline, qui avait eu la bonté de m'aider de ses conseils, est mort le 19 septembre 1842.

intéressante partie de mon travail, celle qui est relative aux anciennes mesures. Je serais heureux que le public voulût bien ratifier à son égard la haute approbation que l'ouvrage entier avait obtenue, en 1841, tant de la commission nommée par M. le Préfet que du conseil général lui-même.

Il me reste à dire quelques mots du système métrique. Bien que je ne veuille pas en exposer ici la théorie, je crois utile de dire brièvement les modifications diverses que ce système a successivement subies, et l'état dans lequel il se trouve aujourd'hui.

Dès sa création, le nouveau système des poids et mesures fut adopté avec enthousiasme par les classes éclairées de la nation française. Mais, comme toute innovation qui bouleverse profondément les habitudes anciennes, il pénétrait avec peine dans la masse du peuple, lorsque Bonaparte, qui ne pouvait pardonner à cet admirable système de n'être pas la création de son génie, lui porta timidement une première atteinte. Un arrêté des consuls, du 13 brumaire an IX, autorisa, dans les *actes publics* et dans les *usages habituels*, la traduction des noms systématiques, ainsi qu'il suit :

ARRÊTÉ DE L'AN IX.

NOMS		NOMS		NOMS	
systématiques.	tolérés.	systématiques.	tolérés.	systématiques.	tolérés.
Myriamètre	*Lieue.*	Hectare,	*Arpent.*	Décistère,	*Solive.*
Kilomètre,	*Mille.*	Are,	*Perche carrée.*	Kilogramme,	*Livre.*
Décamètre,	*Perche.*	Kilolitre,	*Muid.*	Hectogramme,	*Once.*
Décimètre,	*Palme.*	Hectolitre,	*Setier.*	Décagramme,	*Gros.*
Centimètre,	*Doigt.*	Décalitre,	*Boisseau, velte.*	Gramme,	*Denier.*
Millimètre,	*Trait.*	Litre,	*Pinte.*	Décagramme,	*Grain.*
		Décilitre,	*Verre.*		

Jusque-là le nouveau système n'était atteint que dans les noms des poids et mesures. Plus fort que le premier Consul, et dès-lors plus franchement rétrograde, l'Empereur, tout en protestant de son respect pour le système métrique, l'attaqua dans ses divisions décimales en bouleversant de nouveau sa nomenclature. Un arrêté ministériel du 28 mars 1812, pris en exécution d'un décret impérial du 12 février de la même année, créa, *pour le commerce de* détail, les *instruments de pesage et de mesurage* suivants, accommodés, dit le décret, *aux besoins du peuple.*

MESURES DITES *USUELLES* DE 1812.			
NOMS.	FORMATION.	DIVISEURS.	VALEUR.
Toise	Double du mètre.	6	2 mètres.
Pied	1/6ᵉ de toise	12	333 millimètres.
Pouce	1/12ᵉ de pied	12	28 millimètres.
Ligne	1/12ᵉ de pouce	12	2 millimètres 1/3.
Aune	6/5ᵉˢ de mètre	2, 3, 4, 6, 8, 12, 16...	12 décimètres.
Double Boisseau	1/4 d'hectolitre		25 litres.
Boisseau	1/8ᵉ d'hectolitre	2, 4	12 litres 1/2.
Demi litre		2, 4, 8, 16	5 décilitres.
Livre	1/2 kilogramme	2, 4, 8, 16	500 grammes.
Once	1/16ᵉ de livre	2, 4, 8	31 grammes 1/4.
Gros	1/8ᵉ d'once	2, 72	39 décigrammes.
Grain	1/72ᵉ de gros	16	54 milligrammes.

Ces poids et mesures bâtards furent, après quelque résistance, généralement adoptés, sauf la *toise* et le *pied métriques* qui tentèrent vainement de remplacer la *toise du Pérou* et le *pied de roi*. Ainsi privé, dans les usages ordinaires de la vie, de sa nomenclature parlante et de sa division décimale, le système métrique n'était plus pour le peuple qu'un vain nom dont les savants seuls possédaient le sens.

Heureusement il s'est enfin trouvé, au bout de vingt-cinq ans, un ministre éclairé qui a découvert la véritable cause de la résistance au système métrique non dans les *besoins* du peuple, mais dans ses *habitudes*; et un Roi assez confiant dans la stabilité de son trône pour ne pas reculer devant une mesure qui, suivant Napoléon, a puissamment contribué à la chute du Directoire (1).

La loi du 4 juillet 1837, présentée par M. Martin (du Nord), est

---

(1) On lit, dans les Mémoires de MM. de Montholon et Gourgand, que l'Empereur vantait encore, à Sainte-Hélène, l'ancien système des poids et mesures, et qu'il assignait pour principale cause à la chute du Directoire l'introduction violente du système métrique.

venue dégager de tout alliage le système métrique décimal, en ordonnant qu'à partir du 1er janvier 1840 il fût obligatoire partout et pour tous dans sa pureté primitive. Aujourd'hui donc il n'y a plus en France qu'un seul système de poids et mesures, fondé sur une seule et même base, une seule et même progression, une seule et même nomenclature.

SYSTÈME LÉGAL DES POIDS ET MESURES.

UNITÉS.

Mètre [1], Are [2], Litre [3], Stère [4], Gramme [5], Franc [6].

MULTIPLES DÉCIMAUX IDÉAUX ET EFFECTIFS.	SOUS-MULTIPLES DÉCIMAUX IDÉAUX ET EFFECTIFS.
Myria (10000) { mètre. gramme (7).	Déci (0,1) { mètre. litre. stère, gramme. franc (décime).
Kilo (1000) { mètre. litre. gramme.	
Hecto (100) { mètre. are (hectare). litre. gramme.	Centi (0,01) { mètre. are. litre. gramme. franc (centime).
Déca (10) { mètre. litre. stère. gramme.	Milli (0,001) { mètre. gramme.

(1) Dix-millionième partie de la distance du pôle nord à l'équateur mesurée sur l'arc du méridien terrestre, supposé au niveau de la mer, qui traverse la France en passant par l'Observatoire de Paris.
(2) Décamètre carré.
(3) Décimètre cube.
(4) Mètre cube.
(5) Poids d'un centimètre cube d'eau distillée, à la température de 4 degrés au-dessus de zéro (thermomètre centigrade) et pesée dans le vide.
(6) Pièce d'argent du poids de 5 grammes, composée de 0,9 d'argent pur, et de 0,1 d'alliage de cuivre. (Loi du 28 thermidor an III.)
(7) Le poids de 100 kilogrammes s'appelle *quintal*. Le poids de 1,000 kilogrammes s'appelle *millier* ou *tonneau de mer*; c'est le poids du kilolitre ou mètre cube d'eau. (A. 13 brumaire an IX). L'ancien *tonneau de mer* pesait deux *milliers anciens* ou 2,000 livres et équivalait à 979 kilogrammes.

Quelques précieux avantages que présente cet admirable système, il faut cependant reconnaître que la progression décimale, appliquée aux corps de mesures, constitue une échelle dont le large espacement serait préjudiciable aux intérêts du commerce qui exigent une grande économie dans l'emploi du temps. Aussi les lois des 18 germinal et 28 thermidor an III, et 7 germinal an XI, et l'ordonnance royale du 16 juin 1839 ont-elles autorisé la confection de certains corps anormaux de poids et mesures.

CORPS ANORMAUX DE POIDS ET MESURES,
autorisés par les lois de l'an III et de l'an XI et l'ordonnance de 1839.

AU-DESSUS DE L'UNITÉ.		AU-DESSOUS DE L'UNITÉ.	
Formation.	Noms.	Formation.	Noms.
Cinq { mètres	1/2 décamètre.		
décalitres	1/2 hectolitre.		
litres	1/2 décalitre.		
stères	1/2 décastère.		
myriagrammes	50 kilogrammes.	Cinq { décimètres	1/2 mètre.
kilogrammes	5 kilogrammes.	décilitres	1/2 litre.
hectogrammes	1/2 kilogramme.	centilitres	1/2 décilitre.
décagrammes	1/2 hectogramme.	décagrammes	1/2 gramme.
grammes	1/2 décagramme.	centigrammes	1/2 décigramme.
francs	5 francs.	milligrammes	1/2 centigramme.
décafrancs (1)	40 francs.	décimes	50 centimes.
Deux { décimètres	double décamètre.	centimes	5 centimes.
mètres	double mètre.	2 et 1/2 { décimes	25 centimes.
décalitres	double décalitre.	Deux { décimètres	double décimètre.
litres	double litre.	décilitres	double décilitre.
stères	double stère.	centilitres	double centilitre.
myriagrammes	20 kilogrammes.	décigrammes	double décigramme.
kilogrammes	double kilogramme.	centigrammes	double centigramme.
hectogrammes	double hectogramme.	milligrammes	double milligramme.
décagrammes	double décagramme.		
grammes	double gramme.		
décafrancs	20 francs.		
francs	2 francs.		

On voit dans le tableau ci-dessus que la règle générale des corps anormaux de poids et mesures consiste dans les multiplicateurs 2

---

(1) Les noms systématiques *décafranc*, *hectofranc*, sont aussi inusités que ceux de *décifranc*, *centifranc*. Du reste il n'existe pas de pièces de 10 francs ni de 100 francs ; l'ordonnance du 8 novembre 1830, qui a statué qu'il serait frappé des pièces d'or de chacune de ces valeurs, n'a pas reçu son exécution.

et 5, et qu'elle n'admet que deux exceptions, toutes deux relatives à la monnaie. L'une de ces exceptions, dans laquelle le multiplicateur est 4, produit la pièce d'or de 40 francs (4 fois 10 francs); l'autre, dans laquelle le multiplicateur est 2 et 1/2, produit la pièce d'argent de 25 centimes (2 et 1/2 décimes) dont l'inscription est 1/4 *franc*. Il serait à désirer que ces deux pièces anormales fussent supprimées, et remplacées par une pièce d'or de 50 francs (5 fois 10 francs) et une pièce d'argent de 20 centimes (2 décimes). La règle des corps anormaux de poids et mesures ne souffrirait plus alors aucune dérogation. En effet un projet de loi, qui est en ce moment à l'examen des Chambres, tend à supprimer les pièces d'argent de 30 *sous* (1 et 1/2 franc) et de 15 *sous* (7 et 1/2 décimes), la pièce de billon de 6 *liards* (7 et 1/2 centimes), et les pièces de cuivre de 2 *liards* (2 et 1/2 centimes) et 1 *liard* (1 et 1/4 centime), toutes antérieures au système métrique.

ANCIENNES MESURES

D'EURE-ET-LOIR.

POIDS.

Les poids anciennement en usage dans tout le département d'Eure-et-Loir étaient les *poids de marc*:

	gram.
La *livre*, unité de poids dans le commerce de détail, était composée de 2 marcs, et pesait. .	489.505,847
Le *marc*, composé de 8 onces, pesait	244.752,925
L'*once*, composée de 8 gros, pesait	30.594,115
Le *gros*, composé de 3 deniers, pesait. . . .	5.824,264
Le *denier*, composé de 24 grains, pesait. . .	1.274,755
Le *grain* pesait.	0.053,115

On employait, pour les fortes pesées, le *millier* et le *quintal*, poids de compte, le premier de 1000 livres, le second de 100 livres.

La commission d'Eure-et-Loir a évalué la *livre* à 489 gram. 14 et à 489 gram 15. Ces deux évaluations, dont la dernière a seule été reproduite par la copie imprimée des tableaux de l'an VII, sont l'une et l'autre inexactes, depuis la loi du 19 frimaire an VIII qui a réduit le kilogramme de 18841 *grains* à 18827.15.

Pendant très-long-temps le poids employé en France par les apothicaires fut une *livre* composée de 12 onces, l'*once* de 8 drachmes, la *drachme* de 3 scrupules, le *scrupule* de 20 grains; en sorte que le *grain médicinal* pesait 1 grain 1/5e *poids de marc*. Ce fut seulement en 1732 que la faculté de Paris adopta l'usage exclusif du poids de marc, en donnant au *gros* le nom de *drachme*, et au *denier* celui de *scrupule*. (*Métrologie* de Paucton.) (Voir le Supplément, page 58.)

MESURES LINÉAIRES.

I.

Mesures générales.

La *toise du Pérou* (adoptée par l'Académie et déposée au Châtelet de Paris suivant Déclaration royale du 6 mai 1766) était seule en usage dans le département d'Eure-et-Loir.

mètre.
La *toise* se divisait en 6 pieds de roi et valait. . . 1.949,036
Le *pied de roi* se divisait en 12 pouces et valait. . 0.324,839
Le *pouce* se divisait en 12 lignes et valait 0.027,070
La *ligne* se divisait en 12 points et valait 0.002,256
Le *point* valait 0.000,188

La commission d'Eure-et-Loir a indiqué pour valeur de la toise $1^m.948$. Cette évaluation est inexacte depuis la loi du 19 frimaire an VIII, qui a réduit la longueur du mètre de $443^{lig}.44$ à $443^{lig}.296$ (Voir ci-après le *Supplément*, page 59).

II.

Mesures pour les étoffes.

Le mesurage des étoffes se faisait à l'aune.

L'aune mercière de Paris était usitée à *Châteaudun*, *Civry*, *Cloyes*, *Gommerville*, *Saint-Lubin-des-Joncherets*, *Senonches* et communes environnantes. Sa longueur avait été fixée, par le Règlement de police du 9 juillet 1746, à 3 pieds 7 pouces 10 lignes 5/6 et non 5/8, comme le porte par erreur la copie imprimée des tableaux de l'an VII.

mèt.
Cette aune valait par conséquent. 1.188
L'aune de Chartres, employée dans tout le reste du département, était longue de 3 pieds 8 pouces et valait 1.191

La commission a, dans ses tableaux généraux, porté l'aune de Chartres à $1^m.192$; mais elle a réparé cette erreur dans un tableau spécial pour la conversion des aunes, dressé en forme de placard le 21 thermidor an VII.

L'aune mercière de Paris et l'aune de Chartres se divisaient l'une et l'autre en *demies*, *tiers*, *quarts*, *sixièmes*, *huitièmes*, *douzièmes*, *seizièmes*, *vingt-quatrièmes*, et *trente-deuxièmes*. (Voir ci-après le *Supplément*, page 60.)

L'étalon de l'*aune* de Chartres, qui existait encore en l'an VII à la municipalité de cette ville, a disparu depuis cette époque avec les étalons de la *pinte* et du *minot*.

III.

MESURES ITINÉRAIRES.

La mesure itinéraire la plus usitée dans Eure-et-Loir était la lieue moyenne, formée en additionnant la lieue marine, de 20 au degré, avec la lieue commune terrestre, de 25 au degré, et en prenant la moitié du total.

La *lieue marine* (se divisant en *3 milles*) toises. mètres.
était de . . . . 2,850. 411 ou de 5,556.
La *lieue moyenne*, de. . . . . . . 2,565. 570 ou de 5,000.
La *lieue commune terrestre*, de. . . 2,280. 329 ou de 4,444.

La *lieue de poste* (moitié de la *poste*) était :
suivant l'administration des postes, de 2,200. ou de 4,288.
suivant les maîtres de poste, de . . . 2,000. ou de 3,898.

La commission d'Eure-et-Loir a porté, par erreur, la lieue moyenne à 2,566 toises, tout en l'évaluant à 5,000 mètres.

La lieue moyenne se divisait, comme les autres, en *demi-lieues*, *quarts* et *demi-quarts de lieue*.

MESURES DE SUPERFICIE.

I.

MESURES GÉNÉRALES.

Les surfaces, en général, se mesuraient à la toise carrée, au pied carré, au pouce carré et à la ligne carrée. mét. car.
La *toise carrée* contenait 36 pieds carrés et valait 3. 79,87,45

C'est évidemment par erreur que la commission
d'Eure-et-Loir a porté cette évaluation à 4 mètres
carrés.

Le *pied carré* contenait 144 pouces carrés et valait 0. 10,55,21
Le *pouce carré* contenait 144 lignes carrées et
valait. 0. 00,07,33
La *ligne carrée* valait. 0. 00,00,05

Ces mesures de compte présentant entr'elles de trop grandes distances, les toiseurs avaient imaginé, pour la commodité du calcul, des parallélogrammes ayant chacun la longueur d'une toise, avec la largeur d'un pied, d'un pouce ou d'une ligne; en sorte que la toise carrée se divisait en 6 toise-pieds, la toise-pied en 12 toise-pouces, et la toise-pouce en 12 toise-lignes.

                mèt. car.
La *toise-pied* contenait 6 pieds carrés et valait...   0. 63,31,24
La *toise-pouce* contenait 72 pouces carrés et valait   0. 03,27,60
La *toise-ligne* contenait 6 pouces carrés et valait   0. 00,43,97

On avait également divisé le pied carré en 12 pied-pouces.

Le *pied-pouce* contenait 12 pouces carrés et valait   0. 00,87,95
La commission n'a pas parlé de ces dernières mesures.

II.

MESURES POUR LES TAPIS ET TAPISSERIES.

Les tapis et tapisseries se mesuraient, assez généralement, à l'aune carrée.
                mèt. car.
L'*aune de Paris carrée* valait. 1. 41,24,02
L'*aune de Chartres carrée* valait 1. 41,86,60

La commission n'a pas donné l'évaluation des aunes superficielles.

III.

MESURES TOPOGRAPHIQUES.

L'étendue superficielle des provinces s'exprimait en lieues carrées. La mesure topographique la plus usitée était la lieue commune terrestre de 25 au degré.
                kil. car.
La *lieue de 25 au degré carrée* valait. 19. 75,50,87

La commission ne s'est pas occupée des mesures topographiques.

IV.

MESURES AGRAIRES.

L'unité de mesure pour les bois, les prés, les vignes et les terres labourables était la *perche carrée*, dont la superficie variait suivant la longueur de la perche linéaire.

Il y avait, dans l'étendue du département d'Eure-et-Loir, 4 perches différentes, savoir:

                centiares.
La *perche linéaire de 26 pieds*, contenant au carré 676 pieds ou 71. 33

La *perche linéaire de 22 pieds*, contenant au carré 484 pieds ou 51. 07

La *perche linéaire de* 21 *pieds* 8 *pouces*, contenant au carré 469 pieds 4/9 ou. . . . . centiares. 49. 54

La *perche linéaire de* 20 *pieds*, contenant au carré 400 pieds ou. 42. 21

La commission d'Eure-et-Loir n'ayant évalué les perches carrées qu'à 71.c 28, à 51.c 04, à 49.c 50 et à 42.c 18, il en résulte que toutes les conversions d'anciennes mesures agraires qu'elle a calculées sont en-deçà de la vérité.

La perche de 26 pieds était employée dans le *Grand-Perche*, qui se composait des seigneuries de Nogent-le-Rotrou, Bellesme et Mortagne.

La perche de 20 pieds était employée dans le *Dunois* et dans l'*Orléanais*.

La perche de 21 pieds 8 pouces (primitivement, ce qui revient au même, 20 pieds, chacun de 13 pouces) était employée dans le *Pays-Chartrain* et dans les *Cinq-Baronnies du Perche-Gouët* (Alluyes, Authon, Brou, La Bazoche et Montmirail), ainsi qu'il est constaté par plusieurs procès-verbaux du bailliage de Chartres, dressés notamment en 1644 et 1770.

La perche de 22 pieds, dite *perche d'ordonnance* ou *des eaux et forêts*, était employée sur les domaines de l'État, en quelques lieux qu'ils fussent situés. Elle mesurait également toutes les propriétés privées dans certaines communes qui avoisinent le département de Seine-et-Oise et appartiennent aux cantons d'Anet, Nogent-le-Roi, Maintenon, Auneau et Janville. Enfin, dans un grand nombre de communes où les terres labourables continuaient à se mesurer à la perche primitive, l'exemple de l'État avait fini par soumettre à la perche d'ordonnance les bois des particuliers.

C'est pour avoir complètement méconnu ces grandes divisions, que la commission d'Eure-et-Loir est tombée dans une multitude infinie d'erreurs, relativement à la désignation de la perche usitée dans telle ou telle commune.

Du reste, le morcellement du territoire en communes étant un fait moderne, il n'est pas bien rare de rencontrer dans une même commune deux perches différentes pour les terres labourables, s'appliquant chacune en divers champtiers. Cette dualité de mesures, dont je vais citer les seuls exemples que j'en connaisse, provenait aussi d'autres causes, notamment de la volonté des grands propriétaires qui adoptaient ordinairement une seule et même mesure pour tous leurs domaines, en quelques lieux qu'ils fussent situés.

La commune de *Champagne*, qui employait généralement la perche de 21 pieds 8 pouces, présentait, au milieu de son territoire, une ferme de l'ordre de Malte, appelée *la Commanderie*, dont les terres se mesuraient à la perche de 22 pieds.

Fresnay-l'Evêque, Intreville et *Levéville-la-Chenard* employaient presque partout la perche de 20 pieds, mais dans quelques endroits la perche de 22 pieds.

La commune de *Gas* est divisée, par un ruisseau, en deux parties, dont l'une, du côté de Chartres, employait la perche de 21 pieds 8 pouces; et l'autre, du côté d'Epernon, employait la perche de 22 pieds.

Goussainville employait généralement la perche de 21 pieds 8 pouces; sauf pour les terres dépendantes de l'ancien fief d'*Orval*, qui se mesuraient à la perche de 22 pieds.

La Chaussée-d'Ivry employait en général la perche de 21 pieds 8 pouces; mais le territoire de *Nantilly* et quelques autres parties de la commune, dépendantes du domaine de *Bréval* (canton de Bonnières, Seine-et-Oise) se servaient de la perche de 22 pieds.

Le Gault employait la perche de 20 pieds; la commune de *Saint-Denis-des-Cernelles*, qui a été réunie à celle du Gault en 1827, se servait de la perche de 21 pieds 8 pouces.

Saint-Denis-d'Authou employait la perche de 21 pieds 8 pouces; la commune de *Saint-Hilaire-des-Noyers*, qui a été réunie à celle de Saint-Denis-d'Authou en 1836, se servait de la perche de 26 pieds.

Il me reste à faire connaître les grandes mesures dont la perche formait la base, et à indiquer leurs divisions.

Le *muid*, la plus grande de toutes les mesures agraires, s'appliquait seulement aux terres labourables et contenait 12 setiers.

L'*arpent* contenait généralement 100 perches carrées, et variait en étendue dans les mêmes proportions que la perche elle-même. Il se divisait le plus souvent en 4 *quarts* ou quartiers, quelquefois en 2 mines ou 4 minots.

Le *quartier* se divisait lui-même en 4 *quarts*; lorsqu'il s'agissait de vignes, le quartier se divisait souvent en 3 tiers.

Le *tiers* de vigne s'appelait dans quelques localités, notamment à Chartres, *danrée*. Primitivement la danrée avait été de 2 tiers de quartier, et alors elle se divisait en 2 maillées ou parisées, chacune de deux paris. Mais depuis longtemps la danrée, réduite de moitié, ne formait plus avec la *maillée* ou *parisée* qu'une seule mesure, et le nom de *pari* était tombé en désuétude. Aussi ne voit-on figurer, aux tableaux de l'an VII, ni la maillée ou parisée, ni le pari.

La commission d'Eure-et-Loir est tombée dans une erreur évidente en évaluant la danrée des communes de Jouy et de Soulaires, soit à 10 perches et 10 pieds carrés (chiffre primitif du manuscrit original reproduit par la copie imprimée), soit à 6 perches (chiffre indiqué par une surcharge tardive de l'original). En effet, la douzième partie de l'arpent de 100 perches de 21 pieds 8 pouces est de 8 perches 1/3 et vaut, non pas 2 ares 71 centiares (ce qui ne correspond du reste ni à 10 perches 10 pieds, ni à 6 perches), mais 4 ares 13 centiares.

Le *setier* contenait le plus souvent 80 perches.

On ne voit pas figurer aux tableaux de l'an VII un setier de 90 perches que je n'ai, du reste, trouvé en usage nulle autre part qu'à Villeau.

En disant que la commune de *Louville* employait le setier de 100 perches, la commission a omis d'ajouter que le hameau de *Herville* se servait d'un setier de 120 perches.

La commission a également omis de dire que si la plus grande partie de la commune de *Baudreville* employait le setier de 80 perches, c'était l'arpent de 100 perches qui était usité au terroir d'*Ormeville*.

La mesure de 80 perches de 21 pieds 8 pouces s'appelait *journal* dans le canton de *La Ferté-Vidame*.

Le setier se divisait toujours en 2 mines.

La *mine* se divisait elle-même en 2 minots.

Le setier d'Orgères étant de 133 perches 1/3, la mine contenait évidemment 66 perches 2/3. La commission, en évaluant la mine, a écrit 1/3 au lieu de 2/3; et la copie a reproduit aveuglément cette erreur.

Le *minot* se divisait quelquefois en *4 quarts*. Presque toujours il se divisait en boisseaux, tantôt 2, tantôt et plus souvent 3.

Dans les terroirs de *Plancheviliers* et *Mérouvilliers*, dépendants de la commune d'*Ymonville*, et dans quelques champtiers de la commune de *Prasville*, le minot se divisait en 3 boisseaux, tandis qu'il ne se divisait qu'en 2 boisseaux dans le surplus de ces deux communes.

Le *boisseau* se divisait généralement en *4 quarts, quartes* ou *mesures*. Mais lorsqu'il était la moitié du minot, il se divisait communément en 6 *quarts* ou *quartiers*. En sorte que le minot, qu'il se divisât en 2 ou en 3 boisseaux, contenait ordinairement 12 *quarts*.

L'*arpent* était, en général, plus grand que le setier, surtout lorsqu'ils étaient employés dans une même localité. Cependant, à Janville, par exemple, le setier contenait 133 perches 1/3, et l'arpent ne contenait que 100 perches.

Dans les communes qui employaient deux mesures différentes, à *Chartres*, notamment, l'arpent était généralement réservé pour les prés, les vignes et les bois, et le setier pour les terres labourables.

Lorsqu'il n'y avait qu'une seule mesure pour divers modes de culture, il arrivait d'ordinaire que cette mesure unique portait deux noms différents. Ainsi, à *Châteaudun*, outre l'arpent de 100 perches de 22 pieds pour les bois, il y avait une mesure de 100 perches de 20 pieds, appelée *arpent* quand il s'agissait de prés ou de vignes, et *setier* quand il s'agissait de terres. Cependant les deux mesures usitées à *Nogent-le-Rotrou*, la plus petite pour les prés, la plus grande pour les terres, s'appelaient l'une et l'autre arpent.

L'arpent et le setier, surtout lorsqu'ils étaient en usage dans une même commune, avaient en général des divisions différentes. Toutefois *Dangers* et *Le Favril* employaient à la fois, pour les terres labourables, un arpent de 100 perches et un setier de 80 perches, se divisant l'un et l'autre en 2 mines, 4 minots et 8 boisseaux ; et les deux arpents de *Nogent-le-Rotrou*, pour les prés et les terres, se divisaient tous deux en quartiers.

Les tableaux de l'an VII ne présentent nulle part l'*hommée*. Cependant cette mesure était en usage pour les terres labourables à *La Bazoche-Gouët*, par exemple, où elle contenait 6 boisseaux, c'est-à-dire les 3/4 de l'arpent.

Dans quelques localités, notamment à *Voves*, on appelait *andain* une bande de terre ou de pré, ayant la largeur d'un coup de faux, et la longueur, quelle qu'elle fût, de la pièce dans laquelle était prise cette bande. Évidemment l'andain n'était pas une mesure proprement dite, puisque sa longueur était indéterminée ; aussi la commission l'a-t-elle passé sous silence.

J'ai déjà dit que la commission s'était fréquemment trompée sur l'étendue de la perche usitée en telle ou telle commune. Elle s'est aussi trompée bien souvent dans la désignation, soit du nombre de perches au setier ou à l'arpent, soit du nombre de boisseaux au minot. On comprendra que je n'aie pas indiqué ces erreurs une à une; l'espace m'aurait manqué pour une énumération aussi longue. Je veux cependant prouver, par deux exemples, la légèreté et l'insouciance de la commission.

Des six communes composant l'ancien canton d'Arrou, une seule, le chef-lieu, employait la perche de 21 pieds 8 pouces; et toutes les autres, la perche de 20 pieds. Au lieu d'énoncer simplement ce fait, la commission a dit vaguement que l'arpent de 100 perches de 21 pieds 8 pouces *était employé dans le canton sous le nom de mesure des ci-devant Cinq-Baronnies*, et l'arpent de 100 perches de 20 pieds *sous le nom de mesure du ci-devant Dunois*.

Pareillement, des neuf communes composant l'ancien canton de Thiron, les unes se servaient de la perche de 26 pieds, les autres de la perche de 21 pieds 8 pouces. Au lieu de diviser nominativement les communes en deux catégories, la commission s'est bornée à dire que l'arpent de 100 perches de 26 pieds *était en usage dans les communes du canton faisant ci-devant partie du Grand-Perche;* et l'arpent de 100 perches de 21 pieds 8 pouces, *dans les communes autres que celles faisant ci-devant partie du Grand-Perche*. Il est inutile d'ajouter que la copie imprimée des tableaux de l'an VII n'est pas plus explicite que l'original.

Mais cette copie mérite des reproches qui lui sont propres. Par exemple, la commission avait rangé nominativement en deux classes les neuf communes de l'ancien canton d'Authon, suivant que l'arpent y contenait 100 perches de 26 pieds ou 100 perches de 22 pieds; la copie a supprimé la nomenclature des communes et présenté ces deux arpents comme étant simultanément en usage dans chacune d'elles.

Pareillement, la commission, en s'occupant des mesures de l'ancien canton de Champrond-en-Gâtine, avait désigné nominativement cinq communes comme employant l'arpent de 100 perches; une commune, Le Thieulin, comme employant le setier de 80 perches; une commune, comme employant l'arpent de 144 perches; et deux communes, comme employant ici l'arpent de 144, et là l'arpent de 100 perches. La copie a réuni Le Thieulin aux cinq premières communes, et a présenté l'arpent de 100 perches et le setier de 80 perches comme étant simultanément en usage dans six communes.

Du reste il faut dire en passant que, en ce qui concerne ces deux cantons, l'original n'est pas plus exact que la copie.

Afin de ne pas charger de chiffres inutiles le tableau des anciennes mesures agraires dressé suivant l'ordre alphabétique des communes, je vais donner tout d'abord la valeur en ares de chacun des arpents ou setiers usités dans le département. On remarquera que l'arpent de 100 perches de 26 pieds et l'arpent de 144 perches de 21 pieds 8 pouces ne forment en réalité qu'une seule et même mesure ; aussi le tableau alphabétique présentera-t-il toujours cette mesure sous l'expression de 100 perches de 26 pieds.

NOMBRE de Perches carrées à l'arpent ou au setier.	VALEUR EN ARES DES ARPENTS ET SETIERS à la perche linéaire de			
	20 pieds.	21 pi. 8 po.	22 pieds.	26 pieds.
144	ares	ares 71. 33, 20	ares	ares
133 1/3	56. 27, 17			
120		59. 44, 33		
100	42. 20, 83	49. 53, 61	51. 07, 20	71. 33, 20
90		44. 58, 25		
80	33. 76, 66	39. 62, 89	40. 85, 76	57. 06, 56

On voit, d'après le tableau ci-dessus, que la grande mesure agraire usitée dans le département d'Eure-et-Loir, sous le nom d'arpent ou de setier, variait depuis 80 perches de 20 pieds carrés jusqu'à 100 perches de 26 pieds, c'est-à-dire depuis 33.ᵃ 77 jusqu'à 71.ᵃ 33. Le tableau ci-après fera connaître, pour chaque commune du département, la longueur de la perche qui y était en usage ; le nom de la grande mesure et le nombre de perches carrées qu'elle contenait ; enfin le nombre de boisseaux contenus dans le minot.

Ce dernier élément est omis dans les tableaux de l'an VII pour un grand nombre de localités ; et malheureusement il n'a pas toujours été en mon pouvoir de combler cette lacune.

Nota. Les bois et domaines de l'Etat, en quelque lieu qu'ils fussent situés, se mesuraient toujours à la perche linéaire de 22 pieds et à l'arpent de 100 perches carrées, aux termes de l'ordonnance de 1669 sur les Eaux-et-Forêts.

COMMUNES D'EURE-ET-LOIR.	Perches linéaires.	NOMBRE DE PERCHES CARRÉES		NOMBRE de boisseaux au minot.
		à l'arpent.	au setier.	
	pi. po.			
Abondant	21 8	100	»	»
Allaines	20 »	100	133 1/3	2
Allainville	21 8	100	80	2
Allonnes	21 8	100	80	3
Alluyes	21 8	»	100	2
Amilly	21 8	»	80	3
Anet	21 8	100	»	»
Ardelles	21 8	100	»	»
Ardelu	22 »	100	80	3
Argenvilliers	26 »	100	»	»
Armenonville	21 8	100	80	3
Arrou	21 8	100	»	»
Aunay-sous-Auneau . . .	21 8	100	80	3
Aunay-sous-Crécy	21 8	100	80	2
Auneau	21 8	100	80	3
Autheuil	20 »	100	100	2
Authon	21 8	100	»	»
Baigneaux	20 »	100	133 1/3	2
Baignolet	21 8	100	100	2
Bailleau-le-Pin	21 8	100	100	2
Bailleau-l'Evêque	22 » 21 8	100 »	» 80	» 3
Bailleau-sous-Gallardon .	21 8	100	80	3
Barjouville	21 8	100	80	3
Barmainville	20 »	100	133 1/3	2
Baudreville	22 »	100 »	» 80	2 2
Bazoches-en-Dunois . . .	20 »	100	100	2
Bazoches-les-Hautes . . .	20 »	100	133 1/3	2
Beauche	21 8	100	»	»
Beaumont-les-Autels . . .	21 8	»	100	2
Beauvilliers	21 8	100	80	3
Belhomert-Guéhouville . .	22 » 21 8	100	»	»

COMMUNES D'EURE-ET-LOIR.	Perches linéaires.		NOMBRE DE PERCHES CARRÉES		NOMBRE de boisseaux au minot.
	pi.	po.	à l'arpent.	au setier.	
Berchères-la-Maingot...	21	8	100	80	3
Berchères-l'Evêque...	21	8	100	80	3
Berchères-sur-Vesgres...	21	8	100	»	»
Bérou-la-Mulotière...	21	8	100	»	»
Bethonvilliers...	21	8	100	»	2
Béville-le-Comte...	21	8	100	80	3
Billancelles...	21	8	»	100	2
Blandainville...	21	8	100	100	2
Bleury...	21	8	100	80	3
Blévy...	21	8	100	»	»
Boisgasson...	22	»	100	»	»
	20	»	»	100	2
Boissy-en-Drouais...	21	8	100	80	2
Boissy-le-Sec...	21	8	100	80	»
Boisville-la-Saint-Père...	21	8	100	80	3
Boisvillette...	21	8	100	80	2
Boncé...	21	8	100	80	2
Boncourt...	21	8	100	»	»
Bonneval...	22	»	100	»	»
	21	8	100	100	2
Bouglainval...	21	8	100	80	3
Boullay-deux-Eglises...	21	8	100	80	»
Boullay-mi-Voye...	21	8	100	»	»
Boullay-Thierry...	21	8	100	»	»
Boutigny...	21	8	100	»	»
Bouville...	22	»	100	»	»
	21	8	100	100	2
Bréchamps...	21	8	100	»	»
Brezolles...	21	8	100	»	»
Briconville...	22	»	100	»	»
	21	8	»	80	3
Brou...	21	8	100	100	2
Broué...	21	8	100	»	»
Brunelles...	26	»	100 / 80	»	»
Bû...	21	8	100	»	»
Bullainville...	20	»	»	100	2
Bullou...	20	»	»	100	2
Cernay...	21	8	100	100	2
Challet...	22	»	100	»	»
	21	8			

COMMUNES. D'EURE-ET-LOIR.	Perches linéaires.		NOMBRE DE PERCHES CARRÉES		NOMBRE de boisseaux au minot.
	pi.	po.	à l'arpent.	au setier.	
Champagne	22	»	100	»	»
	21	8			
Champhol	21	8	100	80	3
Champrond-en-Gâtine .	22	»	100	»	»
	21	8	100	»	2
Champrond-en-Perchet .	26	»	100	»	»
			80		
Champseru	21	8	100	80	3
Chapelle-Guillaume . . .	21	8	100	»	2
Chapelle-Royale	21	8	100	»	2
Charbonnières	21	8	100	»	2
Charouville	21	8	100	100	2
Charpont	21	8	100	80	2
Charray	20	»	100	100	2
Chartainvilliers	21	8	100	80	3
Chartres	21	8	100	80	3
Chassant	21	8	100	»	2
Châtaincourt	21	8	100	»	»
Châteaudun	22	»	100	»	»
	20	»	100	100	2
Châteauneuf	21	8	100	»	»
Châtenay	22	»	100	80	3
Châtillon	22	»	100	»	»
	20	»	100	100	2
Chaudon	21	8	100	»	»
Chauffours	21	8	100	»	3
Chêne-Chenu	21	8	100	»	»
Cherizy	21	8	100	80	2
Chuisnes	22	»	100	»	»
	21	8	»	100	2
Cintray	21	8	100	»	3
Civry	22	»	100	»	»
	20	»	100	100	2
Clévilliers-le-Moutiers . .	22	»	100	»	»
	21	8			
Cloyes	22	»	100	»	»
	20	»	100	100	2
Coltainville	21	8	100	80	3
Combres	21	8	100	»	2
Conie	22	»	100	»	»
	20	»	100	100	2

COMMUNES D'EURE-ET-LOIR.	Perches linéaires.	NOMBRE DE PERCHES CARRÉES		NOMBRE de boisseaux au minot.
		à l'arpent.	au setier.	
	pi. po.			
Corancez． ． ． ． ． ． ． ．	21 8	100	80	3
Cormainville． ． ． ． ． ．	20 »	100	100	2
Coudray-au-Perche． ． ．	26 »	100	»	»
Coudreceau ． ． ． ．	26 »	100 80	»	»
Coulombs． ． ． ． ． ． ．	21 8	100	»	»
Courbehaye ． ． ． ． ．	20 »	100	133 1/3	»
Courtalain． ． ． ． ． ． ．	20 »	»	100	2
Courville． ． ． ． ． ． ．	21 8	»	100	2
Crécy-Couvé ． ． ． ． ．	21 8	100	80	2
Croisilles ． ． ． ． ． ．	21 8	100	»	»
Crucey ． ． ． ． ． ． ．	21 8	100	»	»
Dambron ． ． ． ． ． ． ．	20 »	100	133 1/3	»
Dammarie． ． ． ． ． ．	21 8	100	80	2
Dampierre-sous-Brou ． ．	21 8	100	100	2
Dampierre-sur-Avre． ． ．	21 8	100	»	»
Dampierre-sur-Blévy ． ．	21 8	100	»	»
Dancy． ． ． ． ． ． ． ．	20 »	100	100	2
Dangeau． ． ． ． ． ． ．	21 8	100	100	2
Dangers． ． ． ． ． ． ．	22 »	100	»	»
	21 8	100	80	2
Denonville． ． ． ． ． ．	22 »	100	80	3
Digny． ． ． ． ． ． ． ．	21 8	100	»	»
Dommerville． ． ． ． ． ．	22 »	100	80	2
Donnemain-Saint-Mamert．	20 »	100	100	2
Douy ． ． ． ． ． ． ． ．	20 »	100	100	2
Dreux． ． ． ． ． ． ． ．	21 8	100	80	2
Droue． ． ． ． ． ． ． ．	21 8	100	80	3
Ecluselles． ． ． ． ． ．	21 8	100	80	2
Ecrosnes． ． ． ． ． ． ．	21 8	100	80	3
Ecublé ． ． ． ． ． ． ．	21 8	100	»	»
Epeautrolles ． ． ． ． ．	21 8	100	100	2
Epernon． ． ． ． ． ． ．	22 »	100	80	»
Ermenonville-la-Grande．	21 8	100	100	2
Ermenonville-la-Petite． ．	21 8	100	100	2
Escorpain ． ． ． ． ． ．	21 8	100	»	»
Fadainville ． ． ． ． ．	21 8	100	80	»
Fains-la-Folie ． ． ． ．	21 8	100	100	2
Faverolles． ． ． ． ． ．	21 8	100	»	»
Favières． ． ． ． ． ． ．	21 8	100	»	»

COMMUNES D'EURE-ET-LOIR.	Perches linéaires.		NOMBRE DE PERCHES CARRÉES		NOMBRE de boisseaux au minot.
			à l'arpent.	au setier.	
	pi.	po.			
Fessanvilliers-Mattanvill.	21	8	100	»	»
Feuilleuse.	21	8	100	»	»
Flacey.	22	»	100	»	»
	20	»	100	100	2
Fontaine-la-Guyon	22	»	100	»	»
	21	8	100	»	3
Fontaine-les-Ribouts	21	8	100	»	»
Fontaine-Simon-la-Ferrièr.	22	»	100	»	»
	21	8			
Fontenay-sur-Conie	20	»	100	133 1/3	»
Fontenay-sur-Eure	21	8	100	80	2
Francourville	21	8	100	80	3
Frazé	21	8	100	»	2
Fresnay-le-Comte	21	8	100	80	2
Fresnay-l'Evêque	22	»	100	»	»
	20	»	100	133 1/3	2
Fresnay-le-Gilmert	22	»	100	»	»
	21	8	»	80	3
Frétigny	26	»	100	»	2
Friaize	22	»	100	»	»
	21	8	100	»	2
Fruncé	22	»	100	»	»
	21	8	»	100	2
Gallardon	21	8	100	80	3
Garancières-en-Beauce	22	»	100	80	2
Garancières-en-Drouais	21	8	100	80	2
Garnay	21	8	100	80	2
Gas.	22	»	100	80	»
	21	8	100	80	3
Gasville	21	8	100	80	3
Gâtelles	21	8	100	»	»
Gellainville	21	8	100	80	3
Germainville	21	8	100	80	2
Germignonville	20	»	100	133 1/3	2
Gilles	22	»	100	»	»
Gironville	21	8	100	80	»
Gohory	20	»	»	100	2
Gommerville	22	»	100	80	2
Gouillons	20	»	100	133 1/3	2
Goussainville	22	»	100	»	»
	21	8			

COMMUNES D'EURE-ET-LOIR.	Perches linéaires.		NOMBRE DE PERCHES CARRÉES		NOMBRE de boisseaux au minot.
			à l'arpent.	au setier.	
	pi.	po.			
Grandville-Gaudreville..	22	»	100	80	2
Guainville....	22	»	100	»	»
Guilleville.....	20	»	100	133 1/3	2
Guillonville.....	20	»	100	133 1/3	2
Hanches.....	22	»	100	80	»
Happonvilliers....	21	8	100	80	2
Havelu.....	21	8	100	»	»
Houville.....	21	8	100	80	3
Houx.....	22	»	100	80	»
Illiers.....	21	8	100	100	2
Intreville....	22	»	100	»	»
	20	»	100	133 1/3	2
Jallans.....	20	»	100	100	2
Janville....	20	»	100	133 1/3	2
Jaudrais.....	21	8	100	»	»
Jouy.....	21	8	100	80	3
La Bazoche-Gouët...	21	8	100	»	2
La Chapelle-d'Aunainville	21	8	100	80	3
La Chapelle-du-Noyer..	22	»	100	»	»
	20	»	100	100	2
La Chapelle-Forainvilliers.	21	8	100	80	2
La Chapelle-Fortin...	21	8	100	80	»
La Chaussée-d'Ivry...	22	»	100	»	»
	21	»			
La Croix-du-Perche...	21	8	»	80	2
La Ferté-Vidame....	21	8	100	80	»
La Ferté-Villeneuil...	20	»	100	100	2
La Framboisière....	21	8	100	»	»
La Gadelière.....	21	8	100	»	»
La Gaudaine.....	21	8	100	»	»
La Loupe....	22	»	100	»	»
	21	8			
La Mancelière....	21	8	100	»	»
Lamblore.....	21	8	100	80	»
Landelles....	22	»	100	»	»
	21	8	»	100	2
Landouville....	21	8	100	80	»
Langey.....	20	»	100	100	2
Lanneray....	22	»	100	»	»
	20	»	100	100	2

COMMUNES D'EURE-ET-LOIR.	Perches linéaires. pi. po.	Nombre de perches carrées à l'arpent.	au setier.	Nombre de boisseaux au minot.
Laons.	21 8	100	»	»
La Puisaye.	21 8	100	»	»
La Saucelle.	21 8	100	»	»
La Ville-aux-Nonains.	21 8	100	»	»
La Ville-l'Evêque.	21 8	100	»	»
Le Coudray.	21 8	100	80	3
Le Favril.	22 » 21 8	100 100	» 80	» 2
Le Gault-Saint-Denis.	22 » 21 8 20 »	100 » »	» 100 100	» 2 2
Le Gué-de-Long-Roy.	21 8	100	80	3
Le Mée.	20 »	100	100	2
Le Mesnil-Simon.	22 »	100	»	»
Le Mesnil-Thomas.	21 8	100	»	»
Le Puiset.	20 »	100	133 1/3	2
Les Autels-Villevillon.	21 8	100	»	2
Les Châtelets.	21 8	100	»	»
Les Châteliers-Notre-Dame	21 8	100	100	2
Les Corvées-les-Yys.	22 » 21 8	100 100	» »	» 2
Les Etilleux.	26 »	100	»	2
Les Pinthières.	21 8	100	»	»
Les Ressuintes.	21 8	100	80	»
Le Thieulin.	22 » 21 8	100 100	» »	» 2
Léthuin.	22 »	100	80	3
Le Tremblay-le-Vicomte.	21 8	100	80	»
Levainville.	21 8	100	80	3
Lèves.	21 8	100	80	3
Levéville-la-Chenard	22 » 20 »	100 100	» 133 1/3	» 2
Logron.	22 » 20 »	100 100	» 100	» 2
Loigny.	20 »	100	133 1/3	2
Lormaye.	21 8	100	»	»
Louville-la-Chenard.	21 8	100	120 100	2
Louvilliers-en-Drouais.	21 8	100	80	2
Louvilliers-les-Perches.	21 8	100	»	»

COMMUNES D'EURE-ET-LOIR.	Perches linéaires.	NOMBRE DE PERCHES CARRÉES		NOMBRE de boisseaux au minot.
		à l'arpent.	au setier.	
	pi. po.			
Lucé	21 8	100	80	3
Luigny	21 8	»	100	2
Luisant	21 8	100	80	3
Lumeau	20 »	100	133 1/3	»
Luplanté	21 8	100	100	2
Luray	21 8	100	80	2
Lutz	22 »	100	»	»
	20 »	100	100	2
Magny	21 8	100	100	2
Maillebois	21 8	100	»	»
Maintenon	21 8	100	80	3
Mainterne	21 8	100	»	»
Mainvilliers	21 8	100	80	3
Maisons	22 »	100	80	3
Manou	22 »	100	»	»
	21 8			
Marboué	22 »	100	»	»
	20 »	100	100	2
Marchéville	21 8	100	100	2
Marchezais	21 8	100	»	»
Margon	26 »	100	»	»
		80	»	»
Marolles	26 »	100	»	2
Marville-les-Bois . . .	21 8	100	»	»
Marville-Moutier-Brûlé . .	21 8	100	80	2
Meaucé	22 »	100	»	»
	21 8			
Méréglise	21 8	100	100	2
Mérouville	22 »	100	»	2
Mervilliers	20 »	100	133 1/3	2
Meslay-le-Grenet . . .	21 8	100	80	2
Meslay-le-Vidame . . .	22 »	100	»	»
	21 8	100	100	2
Mévoisins	21 8	100	80	3
Mézières-au-Perche . .	21 8	100	100	2
Mézières-en-Drouais . .	21 8	100	80	2
Miermaigne	21 8	»	100	2
Mignières	21 8	100	80	2
Mittainvilliers	22 »	100	»	»
	21 8	»	100	2

COMMUNES D'EURE-ET-LOIR.	Perches linéaires.	NOMBRE DE PERCHES CARRÉES		NOMBRE de boisseaux au minot.
		à l'arpent.	au setier.	
	pi. po.			
Moinville-la-Jeulin	21 8	100	80	5
Moléans	22 »	100	»	»
	20 »	100	100	2
Mondonville-Saint-Jean	21 8	100	80	5
Montainville	21 8	100	80	2
Montboissier	22 »	100	»	»
	21 8	100	100	2
Montharville	22 »	100	»	»
	21 8	100	100	2
Montigny-le-Chartif	21 8	100	80	2
Montigny-le-Gannelon	20 »	100	100	2
Montigny-sur-Avre	21 8	100	»	»
Monthireau	26 »	100	»	»
	22 »			
Montlandon	26 »	100	»	»
	22 »			
Montlouët	21 8	100	80	5
Montreuil	21 8	100	80	2
Morainville	22 »	100	80	3
Morancez	21 8	100	80	5
Moriers	21 8	»	100	2
Morvilliers	21 8	100	80	»
Mottereau	21 8	100	100	2
Moulhart	21 8	100	100	2
Moutiers	21 8	100	120	2
Néron	21 8	100	»	»
Neuvy-en-Beauce	20 »	100	133 1/5	2
Neuvy-en-Dunois	20 »	»	100	2
Nogent-le-Phaye	21 8	100	80	5
Nogent-le-Roi	21 8	100	»	»
Nogent-le-Rotrou	26 »	100	»	»
		80	»	»
Nogent-sur-Eure	22 »	100	»	»
	21 8	»	100	5
Nonvilliers-Grandhoux	21 8	100	80	2
Nottonville	20 »	100	100	2
Oinville-Saint-Liphard	20 »	100	133 1/5	2
Oinville-sous-Auneau	21 8	100	80	5
Oisonville	22 »	100	80	3
Ollé	21 8	100	100	2

COMMUNES D'EURE-ET-LOIR.	Perches linéaires.		NOMBRE DE PERCHES CARRÉES		NOMBRE de boisseaux au minot.
			à l'arpent.	au setier.	
	pi.	po.			
Orgères	20	»	100	133 1/3	»
Orlu	22	»	100	80	3
Ormoy	21	8	100	»	»
Orrouer	21	8	»	100	2
Ouarville	21	8	100	80	2
Ouerre	21	8	100	80	2
Oulins	21	8	100	»	»
Ozouër-le-Breuil	20	»	»	100	2
Péronville	20	»	100	100	2
Pézy	21	8	100	80	3
Pierres	21	8	100	80	5
Poinville	20	»	100	133 1/3	2
Poisvilliers	21	8	»	80	5
Pontgouin	22	»	100	»	»
	21	8	»	100	2
Poupry	20	»	100	133 1/3	»
Prasville	21	8	100	120	2 3
Pré-Saint-Evroult	20	»	»	100	2
Pré-Saint-Martin	20	»	»	100	2
Prouais	21	8	100	»	»
Prudemanche	21	8	100	»	»
Prunay-le-Gillon	21	8	100	80	3
Puiseux	21	8	100	80	»
Réclainville	21	8	100	80	2
Réveillon	21	8	100	80	»
Revercourt	21	8	100	»	»
Rohaire	21	8	100	80	»
Roinville	21	8	100	80	3
Romilly-sur-Aigre	20	»	100	100	2
Rouvray-Saint-Denis	20	»	100	133 1/3	2
Rouvray-Saint-Florentin	21	8	100	80	2
Rouvres	21	8	100	»	»
Rueil	21	8	100	»	»
Saint-Ange-et-Torsay	21	8	100	»	»
Saint-Arnoult-des-Bois	22	»	100	»	»
	21	8	»	100	2
Saint-Aubin-des-Bois	22	»	100	»	»
	21	8	100	»	5
Saint-Avit	21	8	100	100	2

COMMUNES D'EURE-ET-LOIR.	Perches linéaires.		NOMBRE DE PERCHES CARRÉES		NOMBRE de boisseaux au minot.
	pi.	po.	à l'arpent.	au setier.	
Saint-Bomert	21	8	100	»	2
Saint-Cheron-des-Champs	21	8	100	80	»
Saint-Christophe	22	»	100	»	»
	20	»	100	100	2
Saint-Cloud	20	»	»	100	2
St-Denis-d'Authou-St-Hil.	26	»	100	»	2
	21	8			
Saint-Denis-de-Moronval	21	8	100	80	2
Saint-Denis-des-Puits	22	»	100	»	»
	21	8	100	»	2
Saint-Denis-les-Ponts	22	»	100	»	»
	20	»	100	100	2
Saint-Eliph	22	»	100	»	»
	21	8			
Saint-Eman	21	8	100	100	2
Saint-Georges-sur-Eure	22	»	100	»	»
	21	8	100	»	5
Saint-Germain-la-Gâtine	22	»	100	»	»
	21	8	»	80	5
Saint-Germain-le-Gaillard	21	8	»	100	2
Saint-Hilaire-sur-Yerre	20	»	100	100	2
St-Jean-de-Rebervilliers	21	8	100	»	»
Saint-Jean-Pierre-Fixte	26	»	100	»	»
			80	»	»
Saint-Laurent-la-Gâtine	21	8	100	»	»
Saint-Léger-des-Aubées	21	8	100	80	5
Saint-Loup	21	8	100	80	2
Saint-Lubin-de-Cravant	21	8	100	»	»
Saint-Lubin-de-la-Haye	22	»	100	»	»
St-Lubin-des-Joncherets	21	8	100	»	»
Saint-Lucien	22	»	100	80	»
Saint-Luperce	22	»	100	»	»
	21	8	100	»	5
Saint-Maixme-Hauterive	21	8	100	»	»
Saint-Martin-de-Nigelles	22	»	100	80	»
Saint-Maur	22	»	100	»	»
	21	8	100	100	2
St-Maurice-St-Germain	22	»	100	»	»
	21	8			
Saint-Ouen-Marchefroy	21	8	100	»	»

COMMUNES D'EURE-ET-LOIR.	Perches linéaires.		NOMBRE DE PERCHES CARRÉES		NOMBRE de boisseaux au minot.
			à l'arpent.	au setier.	
	pi.	po.			
Saint-Pellerin	20	»	100	100	2
Saint-Piat	21	8	100	80	3
Saint-Prest	21	8	100	80	3
Saint-Projet	21	8	100	»	»
Saint-Remy-sur-Avre	21	8	100	»	»
Saint-Sauveur-Levâville	21	8	100	»	»
Saint-Symphorien	21	8	100	80	3
Saint-Victor-de-Buthon	26 22	» »	100	»	»
Sainville	22	»	100	80	2
Sancheville	22 20	» »	100 100	» 100	» 2
Sandarville	21	8	100	100	2
Santeuil	21	8	100	80	3
Santilly	20	»	100	133 1/3	2
Saulnières	21	8	100	80	2
Saumeray	22 21	» 8	100 100	» 100	» 2
Saussay	21	8	100	»	»
Senantes	21	8	100	80	»
Senonches	21	8	100	»	»
Serazereux	21	8	100	80	»
Serville	21	8	100	»	»
Sorel-Moussel	21	8	100	»	»
Souancé	26	»	100 80	» »	» »
Souazé	21	8	100	»	2
Soulaires	21	8	100	80	3
Sours	21	8	100	80	3
Tardais	21	8	100	»	»
Terminiers	20	»	100	133 1/3	»
Theuville	21	8	100	80	3
Theuvy-Achères	21	8	100	80	»
Thimert	21	8	100	»	»
Thiron	21	8	100	»	2
Thivars	21	8	100	80	3
Thiville	22 20	» »	100 100	» 100	» 2
Tillay-le-Péneux	20	»	100	133 1/3	2
Toury	20	»	100	133 1/3	2
Trancrainville	20	»	100	133 1/3	2

COMMUNES D'EURE-ET-LOIR.	Perches linéaires.	NOMBRE DE PERCHES CARRÉES		NOMBRE de boisseaux au minot.
		à l'arpent.	au setier.	
	pi. po.			
Tréon.	21 8	100	80	2
Trizay-Coutretot-St-Serge.	26 »	100 / 80	» / »	» / »
Trizay-les-Bonneval.	22 » / 21 8	100 / 100	» / 100	» / 2
Umpeau.	21 8	100	80	3
Unverre.	21 8	100	100	2
Vacheresses-les-Basses.	21 8	100	»	»
Varize.	20 »	100	100	2
Vaupillon.	26 » / 22 »	100	»	»
Ver-les-Chartres.	21 8	100	80	3
Vérigny.	22 » / 21 8	100 / »	» / 100	» / 2
Vernouillet.	21 8	100	80	2
Vert-en-Drouais.	21 8	100	80	2
Viabon.	20 »	100	133 1/3	2
Vichères.	26 »	100	»	»
Vieuvicq.	21 8	100	100	2
Vierville.	22 »	100	80	3
Villampuy.	20 »	»	100	2
Villars.	21 8	100	100	2
Villeau.	21 8	100	90	2
Villebon.	22 » / 21 8	100 / »	» / 100	» / 2
Villemeux.	21 8	100	»	»
Villeneuve-Saint-Nicolas.	21 8	100	80	2
Villette-les-Bois.	21 8	100	»	»
Villiers-le-Morhiers.	21 8	100	»	»
Villiers-Saint-Orien.	22 » / 20 »	100 / 100	» / 100	» / 2
Vitray-en-Beauce.	22 » / 21 8	100 / »	» / 100	» / 2
Vitray-sous-Brezolles.	21 8	100	»	»
Voize.	21 8	100	80	3
Voves.	21 8	100	80	2
Yermenonville.	21 8	100	80	3
Yèvres.	21 8	100	100	2
Ymeray.	21 8	100	80	3
Ymonville.	21 8	100	120	2 / 3

MESURES

DE SOLIDITÉ, DE VOLUME OU DE CONTENANCE.

I.

MESURES GÉNÉRALES.

La pierre, les travaux de maçonnerie et de terrassement, la capacité des vases en général, etc. s'évaluaient en toises, pieds, pouces et lignes cubes.

                                                  mèt. cub.

La *toise cube* contenait 216 pieds cubes et valait 7. 403,887,136
Le *pied cube* contenait 1728 pouces cubes et valait 0. 034,277,255
Le *pouce cube* contenait 1728 lignes cubes et valait 0. 000,019,836
La *ligne cube* valait. 0. 000,000,011

Ces mesures de compte présentant entre elles de trop grandes distances, les toiseurs avaient imaginé, pour la commodité du calcul, des parallélipipèdes ayant chacun la longueur et la largeur d'une toise avec l'épaisseur d'un pied, d'un pouce ou d'une ligne; en sorte que la toise cube se divisait en 6 toise-toise-pieds; la toise-toise-pied, en 12 toise-toise-pouces; et la toise-toise-pouce, en 12 toise-toise-lignes.

La *toise-toise-pied* contenait 36 pieds cubes et   mèt. cub.
valait 1. 233,981,724
La *toise-toise-pouce* contenait 3 pieds cubes et
valait 0. 102,831,810
La *toise-toise-ligne* contenait 432 pouces cubes et
valait 0. 008,569,317

On avait également divisé le pied cube en 12 tranches parallèles appelées pied-pied-pouces, et le pied-pied-pouce en 12 pied-pied-lignes ou, ce qui est la même chose, en 12 pied-pouce-pouces.

Le *pied-pied-pouce* contenait 144 pouces cubes   mèt. cub.
et valait 0. 002,856,439
Le *pied-pied-ligne* ou *pied-pouce-pouce* contenait
12 pouces cubes et valait 0. 000,258,037

La Commission d'Eure-et-Loir n'a aucunement parlé de la toise cube, ni des autres mesures dont je viens de donner l'évaluation.

II.

MESURES POUR LE BOIS DE CHARPENTE ET LE BOIS A BRULER.

Le bois de charpente se vendait à la *marque*. Cette mesure de compte, usitée dans tout le département d'Eure-et-Loir, était représentée par une solive longue de 10 pieds sur 6 pouces de largeur et 5 pouces d'épaisseur, c'est-à-dire sur 30 pouces d'écarrissage. Elle se divisait en 10 pieds de marque et contenait 500 chevilles, de 12 pouces cubes chacune, ou 3600 pouces cubes (2 pieds cubes 1/12).

	stère.	décim. cub.
La *marque* valait.	0. 071,411	ou 71. 41
Le *pied de marque* ou *pied réduit* valait	0. 007,141	ou 7. 14
La *cheville* ou *pied-pouce-pouce* valait	0. 000,238	ou 0. 238

La marque de charpente est évaluée dans les tableaux de l'an VII à 0$^{st.}$ 071,34, évaluation qui se trouve trop faible depuis la loi de frimaire an VIII. La commission a dit avec raison que la *marque d'Eure-et-Loir* était à la *solive de la Seine* comme 25 est à 36. En effet, la solive de Paris était longue de 12 pieds sur 6 pouces de largeur et 6 pouces d'épaisseur, c'est-à-dire sur 36 pouces d'écarrissage; et elle contenait par conséquent 3 pieds cubes ou 0$^{st.}$ 102,832.

Le bois à brûler se vendait à la *corde*, mesure variable suivant les localités.

La commission n'a fait connaître ni les dimensions, ni le volume en pieds cubes, des différentes cordes usitées dans le département; elle s'est bornée à indiquer leur contenance en stères. D'après cet élément unique, et à l'aide de renseignements puisés sur les lieux, j'ai retrouvé les dimensions de chaque corde et j'en ai dressé le tableau ci-après.

Du reste le nombre des cordes qui, en apparence, s'élève, quant au volume, jusqu'à 16 dans les tableaux de la commission, ce nombre est en réalité moins considérable. En effet, d'une part, il est évident que les deux contenances 2$^{st.}$ 19 et 2$^{st.}$ 20 appartiennent à une seule et même mesure. D'autre part, la corde de 4$^{st.}$ 07, usitée à *Epernon*, n'est autre que la corde de 4$^{st.}$ 02 usitée à Sainville, sauf une tolérance en plus de 6 lignes sur la hauteur, pour compenser l'effet du tassement des bûches. Enfin la corde de 4$^{st.}$ 47 employée à *Arrou*, *Authon*, *Châteaudun*, *Cloyes*, *La Bazoche* et *Nogent-le-Rotrou* n'est autre que la corde de 4$^{st.}$ 39 employée à Civry, sauf, pour la même raison, une tolérance de 1 pouce. C'est ainsi qu'aujourd'hui, dans la forêt de Dreux, où la bûche a 1^{m}14 (5 pieds 6 pouces) de longueur, la hauteur du stère, au lieu de 0^{m}88 qu'elle devrait seulement accuser, s'élève jusqu'à 0^{m}92, comme si la bûche n'était que de 1^{m}08 (3 pieds 4 pouces); en sorte que la mesure, au lieu de contenir exactement 1 stère, contient en réalité 1$^{st.}$05.

Le nombre de cordes indiqué par la commission doit donc, quant à la contenance, être réduit à 13. J'ai même cru devoir le réduire à 12. En effet la commission a signalé, comme étant en usage à *Courville*, et à Courville seulement, une corde ayant 7 pieds de couche sur 4 de hauteur et 3 1/3 de largeur et équivalant à 95$^{pi.\ cub.}$ 1/3 ou 5$^{st.}$ 20. Or, s'il est vrai que cette corde ait jamais été employée à Courville, il est certain qu'elle y est tombée en désuétude.

NUMÉROS d'ordre.	DIMENSIONS DE LA CORDE en pieds de Roi.			CONTENANCE DE LA CORDE en	
	Longueur	Hauteur	Largeur	Pieds cubes.	Stères.
1	8	4	4	128	4. 39
2	8	4	3 3/4	120	4. 11
3	8	4	3 2/3	117 1/3	4. 02
4	8	4	3 1/2	112	3. 84
5	7	4	4	112	3. 84
6	7	4	3 1/2	98	3. 36
7	8	4	3	96	3. 29
8	7	4	3 1/4	91	3. 12
9	7	3 1/2	3 1/2	85 3/4	2. 94
10	8	4	2 1/2	80	2. 74
11	8	4	2 1/3	74 2/3	2. 56
12	8	4	2 1/4	72	2. 47
13	8	4	2	64	2. 19

Les cordes les plus usitées étaient :

1° La corde n° 1, la plus grande de toutes les cordes d'Eure-et-Loir.

2° La corde n° 4, employée dans les bois de l'État, aux termes de l'ordonnance de 1669 sur les *Eaux-et-Forêts*. Cette corde, (double de la *voie* de Paris) ne différait de la corde n° 5, d'égal volume, usitée à Cambrai, commune de Germignonville (canton de Voves), que par la longueur de la couche et la longueur des bûches.

3° La corde n° 9, connue sous le nom de *corde de Chartres*.

4° La corde n° 10, employée généralement à mesurer le bois destiné à faire du charbon.

Les cordes se distinguaient entre elles par des dénominations tirées soit de leur contenance relative, telles que *grande*, *petite*; soit de la destination du bois qu'elles mesuraient, telles que *corde de chauffage*, *corde à charbon*; soit enfin de la longueur, de la forme ou de la nature du bois lui-même, telles que *corde de grand bois*, *d'éclat*, *de rondin*, *de moderne*, *de calin*, *de bacicot*, *à souches*.

La commission a été quelquefois induite en erreur sur le nombre et sur les espèces de cordes qui se trouvaient en usage dans tel ou tel canton. J'ai corrigé ces erreurs, moins nombreuses du reste qu'on ne pourrait le croire, car il me parait que les usages ont changé dans quelques localités postérieurement à la confection des tableaux de l'an VII, par suite de cette tendance à l'unité qui est un des caractères les plus saillants de notre époque.

LOCALITÉS PRINCIPALES.	CORDES. NOMS.	VOLUME en stères.
Anet	grande	5. 84
	commune ou moyenne	3. 29
	petite ou à charbon	2. 74
Arrou		4. 39
Auneau		2. 74
Authon	grande	4. 39
	petite	2. 94
	à charbon	2. 74
Bailleau-l'Evêque		2. 94
Bonneval	grande	5. 84
	petite	2. 94
Brezolles	grande	5. 56
	petite ou à charbon	2. 74
Brou		2. 94
Bû	grande	5. 12
	petite	2. 19

LOCALITÉS PRINCIPALES.	CORDES.	
	NOMS.	VOLUME en stères.
Champrond-en-Gâtine .	d'éclat, rondin et moderne.	2. 94
	à charbon.	2. 74
Chartres		2. 94
Châteaudun	de chauffage.	4. 59
	à charbon.	2. 74
Châteauneuf	de grand bois, d'éclat . .	2. 94
	de calin, souches, bacicot.	2. 74
	à charbon.	2, 56
Civry		4. 39
Cloyes		4. 39
Courville.	d'éclat, de chauffage . .	2. 94
	à charbon.	2. 74
Dammarie		2. 94
Dangeau	de chauffage.	2. 94
	à charbon.	2. 74
Dreux	grande.	3. 84
	petite ou à charbon . . .	2. 74
	à souches	2. 19
Epernon	grande	4. 02
	petite ou à charbon . . .	2. 74
Frazé.		2. 94
Gallardon.	d'éclat	2. 94
	de calin.	2. 74
	à souches	2. 56
	à charbon	2. 19
Gommerville		3. 84
Illiers	de chauffage.	2. 94
	à charbon.	2. 74
Janville.		3. 84
La Bazoche	de chauffage.	4. 59
	à charbon	2. 74
La Ferté-Vidame. . .	de grand bois.	3. 84
	de calin ou à charbon . .	2. 56
La Loupe.	d'éclat, de moderne. . .	2. 94
	à charbon.	2. 74
Le Tremblay		3. 56
Maintenon	de grand bois.	3. 84
	de calin.	2. 74
	à charbon	2. 47
	à souches	2. 19
Nogent-le-Roi. . . .	grande	3. 84
	petite ou à charbon . . .	2. 74

— 59 —

LOCALITÉS PRINCIPALES.	CORDES. NOMS.	VOLUME en stères.
Nogent-le-Rotrou . . .	. . . .	4. 59
Orgères.	. . . .	4. 11
Ouarville.	grande	5. 84
	petite.	2. 74
St-Lubin-des-Joncherets.	. . . .	2. 74
Sainville.	grande	4. 02
	à charbon	2. 74
Sancheville.	. . . .	2. 94
Senonches	d'éclat, de grand bois. .	2. 94
	de calin, bacicot, souches.	2. 74
	à charbon	2. 56
Thiron	de chauffage	2. 94
	à charbon	2. 74
Voves	grande	5. 84
	petite.	2. 94

III.

MESURES POUR LE BLÉ.

Le *muid*, la plus grande de toutes les mesures usitées dans le département d'Eure-et-Loir, contenait 12 setiers.

Le *setier* contenait généralement 4 minots. Cependant il en contenait 6 à *Dreux*, 5 à *Nogent-le-Roi*, 3 à *La Ferté-Vidame*. C'est par suite d'une erreur typographique que la copie imprimée des tableaux de l'an VII a porté le setier de La Ferté-Vidame à 12 minots.

La *mine* était ordinairement la mesure intermédiaire entre le setier et le minot; double de l'un, moitié de l'autre.

Le *minot* se divisait le plus souvent en 2 boisseaux. Mais il se divisait en 2 *quartes* à *Châteauneuf*, et en 4 *quarts* à *La Ferté-Vidame, Nogent-le-Rotrou*, et *Thiron*. Il est même à remarquer que, à *Anet*, le minot se divisait en 4 *quartes* se subdivisant chacune en 5 *quarts* ou *mesures*.

Le *boisseau* se divisait soit en 4 *quarts, quartes* ou *mesures*, soit en 6 *quarts*. Ces 6 *quarts* au boisseau proviennent sans doute de ce que le boisseau était primitivement le tiers et non la moitié du minot. En effet, dans les mesures agraires, le minot contient quelquefois 2 boisseaux, chacun de 6 *quarts*; mais plus souvent 3 boisseaux de 4 *quarts* chacun. Or on sait qu'il existe une liaison intime entre les anciennes mesures des terres et les anciennes mesures à grains; que les premières dérivent des secondes et en reçoivent même leurs noms. Il est d'ailleurs certain que, dans plusieurs localités telles que Chartres, où le minot à blé se divise en 2 boisseaux de 6 *quarts*, le minot de terre se divise en 3 boisseaux de 4 *quarts*; ce qui fait 12 *quarts* pour l'un et pour l'autre minot.

Le minot de *Nogent-le-Rotrou* et de *Thiron* étant divisé en 4 *quarts*, le boisseau contenait 2 *quarts*. Cela autorise à penser que si le minot de *Châteauneuf* contenait 2 *quartes*, c'est que la *quarte* était le résultat de la division par 4 de la mine.

Le *seizain*, usité à *Châteauneuf*, *Dreux* et *La Ferté-Vidame*, était la seizième partie du minot.

L'*écuellée* était la quarante-huitième partie du minot à *Chartres*, et dans les communes environnantes, telles que *Bailleau-l'Évêque*.

On comptait souvent par sacs.

Le *sac* de blé variait suivant les localités. Ainsi, à *Chartres*, il contenait 4 minots ou 1$^{hectol.}$27 et pesait, année moyenne, 200 livres, poids de marc, ou 97^{kilos}9; tandis que, à *Gommerville*, il contenait 6 minots ou 1$^{hectol.}$58 du poids de 250 livres ou 122^{kilos}4. Aujourd'hui le sac usité sur le marché de Chartres contient 1$^{hectol.}$50 (ou, comme on dit improprement, 3 *mesures*) et pèse communément 116 kilogrammes. A *Châteaudun*, le sac ne contient que 1 hectolitre. L'hectolitre de froment marchand pèse 77^{kilos}5, année moyenne; 75 dans les années humides, 80 dans les années de sècheresse.

Il paraît que le Chapitre de *Chartres* employait une mesure spéciale, plus faible d'un demi-minot que le setier usité dans cette ville. Cette mesure ne contenait effectivement que 1$^{hectol.}$11 et pesait ordinairement 86 kilogrammes.

Les tableaux de l'an VII présentent la conversion de toutes les anciennes mesures de capacité usitées dans les 40 cantons du département pour les grains et les légumes secs. On y voit souvent, pour une même localité, une mesure à blé plus petite qu'une autre mesure du même nom réservée pour les grains moins précieux.

Ainsi, dans les localités suivantes, l'avoine, l'orge et les légumes secs (fèves, lentilles, etc.) se mesuraient avec un minot spécial contenant, savoir : à *Auneau*, 45 lit. 5 ; à *Brezolles*, 40. 2 ; à *Chartres*, 54. 5 ; à *Dangeau*, 57. 4 ; à *Dreux*, 55. 04 ; à *Epernon*, 40. 9 ; à *Gallardon*, 57 litres ; à *Maintenon*, 58 litres ; à *Saint-Lubin-des-Joncherets*, 40. 9 ; à *Sainville*, 42. 5 ; à *Sancheville*, 56. 9 ; à *Voves*, 56. 201. L'avoine et l'orge se mesuraient, à *Nogent-le-Roi*, dans le minot à blé ; mais, au lieu de mesurer l'avoine raz, comme le blé, on mesurait comble ; ce qui augmentait la contenance d'environ 1/10e et la portait par conséquent à 56 lit. 6. Quant aux légumes secs, on employait, à *Nogent-le-Roi*, un minot spécial de 59 lit. 4.

Une remarque à faire, relativement au minot pour l'avoine, etc., dit *minot à mars*, c'est qu'il contenait à *Chartres* 15 *quarts*, c'est-à-dire 1 *quart* ou, à proprement parler, 1/12e de plus que le minot à blé ; et qu'à *Gallardon* (d'après la table dressée par Mouffle, géomètre-arpenteur de cette ville, dans le mois de germinal an X), le minot à mars se divisait en 10 *quarts*, tandis que le minot à blé, d'une capacité moindre, se divisait en 12 *quarts*. Cet exemple de division en 10 quarts est le seul que je connaisse ; du reste il n'est pas mentionné par la commission, qui ne parle pas non plus du minot à mars de Chartres.

Les tableaux des mesures à grains de l'an VII sont très défectueux. Déjà ils avaient été rectifiés en quelques points (ainsi que je le montrerai tout-à-l'heure), d'abord par la commission elle-même, le 22 nivôse an VII, puis par le préfet du département, le deuxième jour complémentaire an IX, lorsque ce magistrat publia, dans le cours de messidor et de thermidor an X, des tables spéciales de conversion des anciennes mesures, mais pour le blé seulement, et seulement pour les vingt-quatre marchés d'Eure-et-Loir. Ces tables, imprimées originairement en placards (un pour chaque arrondissement), furent plus tard réunies en une seule et même feuille dans l'Annuaire départemental de l'an XIII ; mais cette copie accuse encore moins de soin et d'intelligence que celle des tableaux de l'an VII.

On ne trouve, dans les tableaux de l'an VII, ni les dimensions, ni la jauge d'aucune mesure de capacité. Les placards de l'an X ne font pas non plus connaître les dimensions du minot à blé; mais ils ont du moins l'avantage d'indiquer sa jauge en pouces cubes et d'en donner la conversion en centimètres cubes. Du reste ces placards sont loin d'être à l'abri du reproche de négligence et d'inexactitude, comme je vais le démontrer aussi brièvement qu'il me sera possible.

La jauge du minot, ou boisseau, est toujours exprimée par un nombre entier de pouces cubes, sans aucune fraction. Cependant sur vingt-quatre conversions en centimètres cubes, il n'y en a que treize de parfaitement exactes. Diverses observations sont à faire sur les onze autres.

L'évaluation du minot de Courville à 40,051 centimètres cubes, au lieu de 39,951, est évidemment le résultat d'une erreur de calcul. Cette erreur est même si considérable qu'elle fut reconnue avant l'impression de l'Annuaire de l'an XIII. Seulement, en rectifiant à la plume, sur le placard original de l'arrondissement de Chartres déposé aux archives départementales, l'évaluation en litres, on oublia de corriger en même temps la conversion en centimètres cubes; et l'Annuaire reproduisit servilement le placard original avec sa correction boiteuse.

On peut encore attribuer à une erreur de calcul la conversion du minot de Courtalain en 26,082 centimètres cubes, au lieu de 26,085.

Mais la conversion du minot d'Auneau en 56,200 centimètres cubes, au lieu de 56,201; celle du minot de La Loupe en 56,855 centimètres cubes, au lieu de 56,856; et surtout celle du minot de Brou (auquel je reviendrai bientôt) en 39,000 centimètres cubes, au lieu de 38,998, paraissent les unes et les autres avoir eu pour but d'arrondir les nombres.

Enfin, et ceci est plus grave, la conversion du boisseau d'Authon en 25,557 centimètres cubes, au lieu de 25,554; celle du minot de Châteaudun en 24,128 centimètres cubes, au lieu de 24,121; celle du minot de Bonneval en 51,688 centimètres cubes, au lieu de 51,679; celle du boisseau de Nogent-le-Rotrou en 21,651 centimètres cubes, au lieu de 21,644; celle du boisseau de La Bazoche en 24,469 centimètres cubes, au lieu de 24,458; celle du minot de Dreux en 29,055 centimètres cubes, au lieu de 29,040; ces six conversions, toutes trop élevées de 5 à 15 centimètres cubes, me paraissent prouver que le nombre entier de pouces cubes était suivi d'une fraction, variable de 1/4 à 3/4, et que cette fraction de pouce cube, pour avoir été maladroitement omise à la suite du nombre entier, n'en a pas moins été prise en considération dans la conversion en centimètres cubes. En conséquence, tout en présentant la conversion exacte en centimètres cubes du nombre entier de pouces cubes, j'évaluerai en litres les six mesures ci-dessus d'après le nombre de centimètres cubes indiqué par les placards de l'an X.

Ces placards évaluant la jauge du minot de Bonneval à 1597 pouces cubes, c'est-à-dire à 1 pouce cube de plus que celle du minot de Chartres, je crois devoir conserver cette évaluation, bien que l'arrêté préfectoral du deuxième jour complémentaire an IX ait déclaré que le minot usité à Bonneval était le minot de Chartres.

Le jaugeage de toutes les mesures a été fait en pouces cubes; et j'ai dû accepter pour base cette évaluation, de préférence à la conversion qui en a été calculée en centimètres cubes. Ainsi le placard de l'arrondissement de Chartres fixant la jauge du minot d'Auneau à 1825 pouces cubes, j'ai converti, avec le placard, 1825 pouces cubes en 56,200, ou plus exactement, en 56,201 centimètres cubes. Cependant je dois dire que, sur le placard original, on a écrit à la plume, au dessus des trois derniers chiffres imprimés 200, ceux-ci 420, comme si le nombre de pouces cubes devait être de 1856; mais on n'a corrigé ni le nombre de 1825 pouces cubes, ni la conversion en litres. L'Annuaire de l'an XIII a reproduit servilement le placard original, en acceptant pour bonne la correction à la plume des centimètres cubes et en respectant néanmoins les nombres de 1825 pouces cubes et de 56$^{lit.}$2.

La négligence de l'Annuaire est encore plus grande relativement au minot de Cloyes. En effet, le placard de l'arrondissement de Châteaudun ayant fixé la jauge de ce minot à 1276 pouces cubes, ou à 25,514 centimètres cubes, l'Annuaire a réduit le nombre de pouces cubes à 1215, en conservant la conversion en 25,514 centimètres cubes.

J'ai relevé dans les placards originaux de l'an X une seule erreur, en ce qui concerne la jauge en pouces cubes; c'est relativement au minot de Brou. Le manuscrit (non signé) du placard de l'arrondissement de Châteaudun (dont il n'existe d'exemplaire im-

primé ni aux archives départementales, ni à la sous-préfecture) fixe la jauge du minot de Brou à 1966 pouces cubes qu'il convertit, en nombre rond, en 59,000 centimètres cubes, comme je l'ai déjà dit. L'Annuaire de l'an XIII, en conservant le nombre de 59,000 centimètres cubes, porte la jauge en pouces cubes à 1968. Or, de ces deux jauges, 1966 et 1968 pouces cubes, ni l'une ni l'autre n'est exacte. En effet, dans son procès-verbal rectificatif, du 22 nivôse an VII, la commission s'exprime ainsi :
« La contenance du minot ou du boisseau (suivant les usages),
» prise pour unité principale des mesures, a été déterminée im-
» médiatement avant la formation du tableau de comparaison;
» excepté pour le canton de Brou, où l'administration munici-
» pale a seulement annoncé que ses mesures pour les grains
» étaient absolument conformes à celles de Paris, en donnant
» pour principale mesure un minot composé de deux boisseaux. Il
» en est de même pour le canton de Frazé et la commune de Go-
» hory (canton de Dangeau), où les administrations municipales
» ont déclaré qu'on s'y servait exclusivement des mesures de Brou.
» D'après le dernier tableau des mesures du département de la
» Seine, et le nouvel examen des renseignements fournis par les
» administrations municipales des cantons de Brou, Frazé et Dan-
» geau, il a été reconnu qu'il y avait eu erreur dans la compa-
» raison du minot faite d'après ces renseignements; car, outre
» que cette mesure a été prise pour une contenance égale à 1280
» pouces cubes (2 boisseaux de Paris, suivant les tables publiées
» en l'an II par la commission des poids et mesures de la répu-
» blique), elle aurait dû l'être pour 1920 pouces, somme égale
» au triple du boisseau de Paris alors connu, et non pour le
» double de ce boisseau, comme l'avait énoncé la municipalité de
» Brou. Pour rectifier cette erreur et se conformer en même temps
» au nouveau tableau des mesures de Paris, il convient de rétablir,
» dans le tableau général du département d'Eure-et-Loir, la com-
» paraison du minot en usage dans les cantons de Brou, Frazé, et
» dans la commune de Gohory (canton de Dangeau), à 5$^{\text{décal.}}$90 au
» lieu de 2.54. » Or le boisseau de Paris, que les tables de l'an II
n'avaient, par erreur, évalué qu'à 640 pouces cubes, étant en réalité, suivant d'anciennes instructions officielles, de 655$^{\text{po. cub.}}$78, c'est-à-dire de 15$^{\text{lit.}}$0085, il en résulte que le minot de Brou, triple du boisseau de Paris, doit être évalué, non à 1966 ou 1968

pouces cubes, avec le placard original de l'an X et l'Annuaire de l'an XIII, ou à 39,000 centimètres cubes, suivant chacun d'eux, mais bien à 1967$^{\text{po. cub.}}$ 34 ou à 39$^{\text{lit.}}$ 025.

La conversion des pouces cubes en centimètres cubes une fois faite, tant bien que mal, les placards de l'an X auraient dû suivre rigoureusement cette base pour l'évaluation en litres et fractions de litre. Loin de là, on a presque toujours modifié en plus ou en moins la valeur exacte, uniquement pour arrondir les nombres. Ainsi le minot de Brezolles contenant exactement 37,808 centimètres cubes, sa valeur a été portée à 38 litres. Ces inexactitudes volontaires de l'administration ont été non-seulement adoptées, mais encore élargies et multipliées par la pratique. Par exemple, à La Loupe, le minot est compté pour 37$^{\text{lit.}}$ 5 au lieu de 36$^{\text{lit.}}$ 856, afin que 4 minots vaillent exactement 3 demi-hectolitres ; à Nogent-le-Rotrou, le minot est compté pour 43$^{\text{lit.}}$ 75 au lieu de 43$^{\text{lit.}}$ 502, afin qu'il vaille exactement 7/8 du demi-hectolitre. Mais la pratique a une excuse qui n'est pas suffisante pour l'administration ; c'est de faciliter les transactions commerciales.

Il a été publié, de 1810 à 1811, une *Description topographique et statistique de la France*. Les auteurs de cet ouvrage (MM. *Peuchet*, *Chanlaire* et *Herbin*) n'ont parlé avec quelques détails des anciennes mesures d'Eure-et-Loir que pour les mesures à blé ; et malheureusement ils ont puisé tous leurs renseignements dans l'Annuaire départemental de l'an XIII, sans apercevoir les erreurs de toute nature qui y abondent.

Ces erreurs allaient ainsi s'accréditant et se propageant de toutes parts, lorsqu'enfin parut l'Annuaire départemental de 1812, qui reproduisit les placards originaux de l'an X, en acceptant pour bases les jauges en pouces cubes, et en corrigeant très-exactement toutes les erreurs de conversion soit en centimètres cubes, soit en litres et fractions de litre. Il n'y a donc d'autres reproches à adresser à l'Annuaire de 1812 que d'avoir accepté la jauge erronée du minot de Brou ; et, si je ne me trompe, de n'avoir pas soupçonné que l'auteur des placards de l'an X ait pu, dans ses calculs de conversion, tenir compte de fractions plus ou moins considérables de pouce cube, tout en négligeant de les écrire à côté du nombre entier.

Il est aujourd'hui presque impossible de vérifier la contenance des anciennes mesures. En effet, si l'on ne retrouve pas quelques documents, antérieurs au système métrique, qui indiquent cette contenance, on n'a pas même la ressource, quelque insuffisante qu'elle soit, de mesurer les étalons. Ces étalons ont été, presque partout, vendus ou détruits; et ce n'est pas seulement dans les villages, mais à Chartres, au siége de l'administration départementale. On a cru que la nouvelle législation sur les poids et mesures autorisait, prescrivait même ces actes de vandalisme. Ainsi il s'est trouvé, en 1842, un vérificateur qui, invité à mesurer dans sa tournée un étalon précieusement conservé jusqu'à ce jour, a répondu que, après avoir constaté sa contenance, il ne manquerait pas d'engager les autorités locales à le faire briser.

Les seules mesures dont je puisse donner les dimensions sont les suivantes :

1° Le minot à blé de Chartres, vase cylindrique ayant intérieurement 514 millimètres de hauteur sur 560 millimètres de diamètre;

2° Le minot à blé de Dreux, ayant 1 pied 1 pouce 3 lignes de diamètre sur 10 pouces 7 lignes de hauteur; et le minot à mars de la même ville, ayant le même diamètre et une hauteur de 1 pied 1 ligne.

3° Le minot à blé de La Ferté-Vidame, dont l'étalon, mesuré récemment, par deux personnes différentes, d'abord au mètre, puis avec du grain, a présenté pour dimensions 450 millimètres de diamètre et 294 millimètres de profondeur, et pour contenance 45 litres, au lieu de 59 lit. 3 portés aux tableaux l'an VII.

Un vieux boisseau d'Anet, mesuré en 1842, a présenté 306 millimètres de diamètre et 300 millimètres de profondeur, ce qui accuse pour le minot, double du boisseau, une contenance de 44 lit. 125 au lieu de 45 lit. 9 portés aux tableaux de l'an VII. Mais ce boisseau étant un peu détérioré, j'ai cru devoir conserver l'évaluation de la commission.

J'ai suivi, pour le tableau ci-après, les placards de l'an X, que j'ai complétés au moyen des tableaux de l'an VII. Cependant, comme le travail de l'an VII ne mérite pas la même confiance que celui de l'an X, j'ai fait imprimer en caractères italiques les noms des localités qui ne figurent pas dans ce dernier travail.

J'ai corrigé un grand nombre d'erreurs dans les tableaux de l'an VII. Par exemple, ces tableaux ne présentent pour tout le canton de Bonneval qu'un seul et même minot, se divisant

— 47 —

en 2 boisseaux, chacun de 4 quarts, et contenant 28 litres. Or, non-seulement cette évaluation est inexacte, puisque, d'une part, l'arrêté préfectoral de l'an IX a déclaré le minot de Bonneval égal au minot de Chartres réputé alors de 51 lit. 6, et que, d'autre part, le placard de l'an X a fixé le minot du marché de Bonneval à 51 lit. 69 ; mais, en outre, il est constant que le minot de Bonneval n'était pas en usage dans tout le canton ; qu'à Meslay-le-Vidame, par exemple, le muid contenait près de 12 setiers et 2 minots de Chartres, ce qui porte le minot de Meslay à 52 lit. 9 ; et il est également certain que le minot de Meslay se divisait en 2 boisseaux, chacun de 6 quarts.

J'ai porté, savoir : de 59 lit. 5 à 43 litres le minot à blé de la *Ferté-Vidame*, pour les raisons déjà exposées ; de 59 lit. 6 à 45 lit. 502 le minot à blé de *Thiron*, qui était le même que celui de Nogent-le-Rotrou ; de 22 lit. 5 à 51 lit. 659 le minot à blé de *Voves*, qui était le même que celui de Chartres. Enfin, dans l'évaluation que j'ai donnée ci-dessus des minots à mars, j'ai porté de 30 lit. 5 à 33 lit. 04 le minot de *Dreux*, à raison de ses dimensions ; et de 28 lit. 5 à 36 lit. 201 le minot de *Voves*, qui était le minot à blé d'Auneau.

LOCALITÉS PRINCIPALES.	MINOT A BLÉ.			
	JAUGE		Division en quarts.	Contenance en litres.
	en pouces cubes.	en centimètres cubes.		
Anet	»	»	12	45.9
Arrou	»	»	»	50.5
Auneau	1825	36,201	12	36.201
Authon	2554	50,662	8	50.674
Bailleau-l'Évêque . . .	»	»	12	51.659
Barmainville	»	»	»	24.1
Bonneval	1597	31,679	8	31.688
Brezolles	1906	37,808	»	37.808
Brou	1967.34	39,025	8	39.025
Bu	»	»	8	44.9
Bullou	»	»	8	36.8
Champrond-en-Gâtine .	»	»	12	50.2
Charonville	»	»	»	44.5
Chartres	1936	51,659	12	51.659
Châteaudun	1216	24,121	8	24.128
Châteauneuf	2128	42,212	2	42.212

LOCALITÉS PRINCIPALES.	MINOT A BLÉ.		Division en quarts.	Contenance en litres.
	JAUGE			
	en pouces cubes.	en centimètres cubes.		
Civry.	»	»	8	lit. 25.511
Cloyes.	1276	25,511	8	25.511
Combres.	»	»	»	44.5
Courtalain.	1315	26,085	8	26.085
Courville.	2015	39,951	12	39.951
Dammarie.	»	»	12	51.
Dangeau.	»	»	»	54.4
Dreux.	1464	29,040	»	29.055
Epernon.	1787	35,448	12	35.448
Frazé.	»	»	»	59.025
Frétigny.	»	»	»	54.5
Gallardon.	1767	35,051	12	35.051
Gohory.	»	»	8	59.025
Gommerville.	»	»	»	26.4
Gouillons.	»	»	»	25.1
Illiers.	1769	35,091	12	35.091
Janville.	1242	24,657	12	24.657
La Bazoche.	2466	48,946	»	48.958
La Ferté-Vidame. . .	»	»	4	45.
La Loupe.	1858	56,856	8	56.856
Laons.	1906	37,808	»	37.808
Le Tremblay.	»	»	»	29.4
Logron.	»	»	8	25.5
Maintenon.	1757	54,855	12	54.855
Meslay-le-Vidame. . .	»	»	12	32.9
Montemain.	»	»	»	55.8
Nogent-le-Roi. . . .	1678	55,285	»	55.285
Nogent-le-Rotrou. . .	2182	43,282	4	43.302
Orgères.	»	»	»	28.5
Ouarville.	»	»	12	57.7
Saint-Avit.	»	»	»	58.
Saint-Denis-des-Puits.	»	»	»	45.2
St-Lubin-des-Joncherets	»	»	»	55.4
Sainville.	»	»	12	59.3
Saucheville.	1809	55,884	8	55.884
Saumeray.	»	»	8	28
Senonches.	1906	37,808	»	37.808
Thiron.	»	»	4	45.302
Vierville.	»	»	»	25.5
Voves.	»	»	12	51.659

IV.

MESURES POUR LES LIQUIDES.

Les deux principales mesures étaient la *pinte* et le *poinçon*.

La pinte présentait, dans l'étendue du département d'Eure-et-Loir, plus de 40 contenances diverses dont la plus petite, 0 $^{\text{lit.}}$ 855 (42 pouces cubes) était à la plus grande, 2 $^{\text{lit.}}$ 58 (120 pouces cubes), comme 1 est à 2. 86.

La pinte était inusitée au *Tremblay-le-Vicomte* et à *Saint-Lubin-des-Joncherets* où elle était remplacée par la *bouteille*. La bouteille était encore employée à *Maintenon*; mais elle n'y valait que la moitié de la pinte.

La *chopine* était la moitié de la pinte.

La pinte se subdivisait en 4 *setiers* et en 8 *demi-setiers* à *Anet*, *Bailleau-l'Evêque*, *Chartres*, *Dreux*, *Nogent-le-Rotrou* et *Voves*; partout ailleurs la dénomination de *setier* était inusitée, et la pinte se subdivisait non en 8, mais en 4 demi-setiers, en sorte que la chopine et le setier étaient une seule et même mesure.

On employait, dans certaines localités, la *camuse*, la *roquille* et le *petit pot*, qui contenaient 1/8 de pinte; la *potée*, qui présentait généralement la même contenance, sauf à *Courville* où elle se réduisait à 1/16; la *demoiselle* et la *portion* valant, la première 1/16, la seconde 1/32 de pinte.

La *pipe*, la plus grande de toutes les mesures, était usitée à *Brezolles* où elle contenait 250 pots, 280 et même 300; et à *La Ferté-Vidame* où elle équivalait à 2 poinçons et 1/2.

Le *poinçon* présentait un grand nombre de contenances diverses. Il se divisait généralement en 2 *rondelles* ou en 4 *quarts*, sauf à *Bonneval*, *Châteaudun*, *Dreux*, *La Bazoche*, *Le Tremblay*, *Nogent-le-Rotrou*, *Orgères* et *Voves*, où il n'était compté que pour 2 *quarts*, parce qu'il valait, dans ces localités, comme à Orléans, la moitié du *tonneau* qui se divisait lui-même en 4 quarts.

La commission d'Eure-et-Loir a dit, et cela est vrai, que le poinçon de *Dreux* contenait 240 pintes. Mais elle a ajouté que ce poinçon se divisait en 32 veltes, la *velte* en 4 pots, le pot en 2 pintes; ce qui porte le nombre de pintes au poinçon à 256. Or de deux choses l'une; ou la division de la velte en 8 pintes est exacte, et alors il faut réduire le nombre de veltes au poinçon de 32 à 30; ou bien au contraire le nombre de 32 veltes est exact, comme je le crois, et alors il faut reconnaître que la division de la velte en 4 pots, de 2 pintes chacun, est erronée et que sa contenance doit être réduite de 8 pintes à 7 pintes et 1/2.

Le *pot* valait généralement 2 pintes. Cependant, à *Brezolles*, le pot et la pinte ne formaient qu'une seule mesure.

Le tableau des mesures pour les liquides est le plus défectueux des tableaux de l'an VII. Malheureusement il est impossible de relever toutes les erreurs qu'il renferme ; car, d'une part, les mesures de détail sont tombées en désuétude depuis la création des *mesures usuelles* en 1812 ; et, d'autre part, l'administration des contributions indirectes a, par son influence, fait substituer insensiblement aux nombreux poinçons d'Eure-et-Loir des futailles d'une contenance de 228 à 256 litres. Ces futailles s'appellent également *poinçons* ; mais, si le nom est resté, la chose n'existe plus. Ainsi le poinçon de Chartres, qui, lors du travail de la commission, contenait 204 pintes de 1 lit. 012 (51 pouces cubes) chacune, ensemble 206 lit. 57, s'élève maintenant à 228 litres. Si donc aujourd'hui on ignorait la contenance réelle de la pinte, on commettrait évidemment une erreur en la cherchant dans la division de 228 par 204.

Les indications de la commission, relativement aux mesures de Chartres, se trouvent confirmées par M. Guérard, membre de l'Institut de France, qui, dans ses *Prolégomènes* du *Cartulaire de l'abbaye de Saint-Père* (tome 1er, page CLXXX) dit expressément :

« Les mesures encore en usage à Chartres pour les liquides sont :
» le poinçon de 204 pintes ou 206 litres ; la pinte, de 2 chopines,
» égale à 1 litre $\frac{12}{1000}$; et la chopine, de 2 setiers, le setier étant
» de 0 lit. 253. » M. Guérard ajoute : « On se servait aussi jadis du
» muid, qui valait les deux tiers du poinçon, ou environ 137
» litres ; du terceau, égal à la moitié du muid et au tiers du
» poinçon, c'est-à-dire à 68 litres et 1/2 ; et du baril, qui, étant
» le huitième du poinçon, contenait, en nombre rond, 25 pintes. »

Je ne sais à quelles sources le savant académicien a puisé ses renseignements ; mais ils sont en complet désaccord avec les pièces suivantes qui m'ont été communiquées par M. Ferré, garde des archives de la préfecture d'Eure-et-Loir. — Sentence des conseillers tenant la justice du trésor à Paris, en date du 16 juillet 1579, qui condamne Renée de France, à cause de son duché de Chartres, à payer par chacun an *douze muids* de vin aux religieuses de l'abbaye de l'Eau. — Déclarations et états des biens de l'abbaye de l'Eau, en date des années 1682, 1692 et 1717, portant qu'il est dû à cette abbaye, sur le domaine de Chartres, *douze muids de vin de terceau faisant douze poinçons*, donnés à ladite maison par Jean de Chastillon, fondateur d'icelle, et par ses successeurs, en l'an 1228. — Semblables déclarations et états, en date de 1726 et 1727, ne parlant plus du nombre de muids, mais maintenant le droit de l'abbaye de l'Eau sur le domaine de Chartres à *seize poinçons*. — Chemise d'une pièce inventoriée vers la fin du siècle dernier, portant : « Redevance de *cent douze pintes* de vin » *autrement un terçain* due par les adjudicataires des terceaux » de la ville et banlieue de Chartres. » — Comptes-rendus du domaine de Chartres, années 1493 et 1494, portant qu'il est dû à divers sur les terceaux de vignes, par chacun an, *cinquante-six muids quatre barils*, dont *deux barils au prieur de Sainte-Foy*. — Compte dressé en 1556 par les officiers du duché de Chartres, portant que sur lesdits *cinquante-six muids quatre barils*, il n'a été payé, en 1555, aux divers ayant droits que XXXVIII muids, suivant un détail dont l'addition exige, pour être exacte, qu'on ait compté six barils pour un muid. — Quittance donnée en 1735 par le *prieur de Sainte-Foy* au receveur général du duc d'Orléans et de Chartres, de *deux barils faisant cinquante-six pots*. — Note informe (classée *abbaye de Thiron*, mot *Chartres*) ainsi conçue : « Le » droit de terceau de Chartres qui se prend à Saint-Chéron, Lui- » sant, Coudray et autres lieux, à raison de 14 *pots* pour quar- » tier de vignes, *mesure ancienne de Chartres qui doit tenir* » *neuf demi-setiers*, appartient, etc. »

De l'ensemble de ces pièces, la plupart authentiques, il paraît résulter : 1° que le muid, au lieu de n'être que les deux tiers du poinçon, valait 1 poinçon 1/5 et contenait 168 pots; — 2° que le terceau, au lieu d'être le tiers du poinçon, était le tiers du muid, et contenait 2 barils ou 56 pots; — 3° que le baril, au lieu d'être le huitième du poinçon, était le sixième du muid, et contenait 28 pots; — 4° que le pot, qui contenait primitivement 9 demi-setiers, c'est-à-dire 2 pintes 1/4, a été réduit plus tard à 8 demi-setiers, c'est-à-dire à 2 pintes; — 5° que la pinte se divisait non en 4 setiers, mais en 4 demi-setiers; — 6° que le poinçon contenait, non pas 204 pintes, mais bien 126 pots valant d'abord 283 pintes et 1/2, ensuite 252 pintes.

— 52 —

Néanmoins j'ai cru devoir maintenir la contenance du poinçon de Chartres à 204 pintes, et la division de la pinte en 4 setiers ; car il est presque impossible que la commission d'Eure-et-Loir se soit laissé induire en erreur relativement aux mesures en usage au lieu même de ses opérations, là où étaient nés plusieurs de ses membres et où ils demeuraient tous.

Dans son procès-verbal rectificatif du 22 nivôse an VII, provoqué par une lettre du Ministre de l'Intérieur du 15 du même mois, la commission s'exprime ainsi : « La pinte ayant été prise
» pour unité principale de comparaison, sa contenance a été dé-
» terminée d'après un volume d'eau pesé dans chacune de celles
» en usage pour chaque canton et commune ; excepté dans les
» cantons de *Brezolles*, *Senonches* et *Thiron*, où il n'a point été
» fourni d'étalons ni copies authentiques, mais seulement des
» renseignements certifiés par les administrations municipales de
» ces cantons, portant que la pinte est la même que celle de
» Paris. En conséquence desquels renseignements, cette mesure
» a été portée sur le tableau général pour une contenance de 48
» pouces cubes ou 951 millièmes de litre. Quoique ce résultat
» soit peu différent de celui porté dans le dernier tableau du dé-
» partement de la Seine, puisqu'il n'en diffère que de 21 mil-
» lièmes de litre, cependant, et pour se conformer à la lettre
» du Ministre, la comparaison doit être rétablie dans le tableau
» du département d'Eure-et-Loir de la manière suivante : pinte
» des cantons de Brezolles, Senonches et Thiron = 0$^{\text{lit.}}$ 930. » En réduisant l'évaluation en litres de 0.951 à 0.930, la commission aurait dû réduire proportionnellement l'évaluation en pouces cubes; en effet la pinte de Paris, que sans doute on avait eu, dans le principe, l'intention de faire égale à 48 pouces cubes (1/56$^\text{e}$ de pied cube) ne contenait en réalité, d'après son étalon, que 46 $^{\text{pou. cub.}}$ 95, ce qui correspond exactement à 0$^{\text{lit.}}$ 951 1/5.

Le manuscrit original des tableaux de l'an VII évalue à 1$^{\text{lit.}}$ 070 la pinte usitée dans la commune de Dangeau; une erreur typographique, commise à l'impression de la copie, réduit la contenance de cette pinte à 0$^{\text{lit.}}$ 070.

La commission a évalué à 0$^{\text{lit.}}$ 803 (40 pouces cubes et 1/2) la pinte de la ville de *Dreux*, et à 0$^{\text{lit.}}$ 853 (42 pouces cubes) la pinte des communes environnantes, telles que *Cherizy*. Or un ancien tableau officiel de la mairie de Dreux porte la contenance de la pinte de cette ville à 1 livre 11 onces (826 grammes) d'eau de source, ce qui correspond à 0 lit. 853 environ d'eau distillée ; d'autre part, une ancienne pinte des environs de Dreux, ayant été récemment mesurée, s'est trouvée d'une contenance de 0 lit. 952 (48 pouces cubes), conformément à la commune renommée.

La commission n'a indiqué qu'une seule pinte pour le canton de *La Ferté-Vidame*, celle de 1 lit. 007, correspondant à 50 pouces cubes 4/5. Mais il résulte de la commune renommée qu'il y avait à La Ferté deux pintes différentes. En effet deux vieilles pintes ayant été mesurées récemment, l'une s'est trouvée contenir 0 lit. 85 (42 pouces cubes 1/5), l'autre 1 lit. 12 (56 pouces cubes et 1/2). Cependant j'ai cru devoir m'en tenir aux tableaux de l'an VII, les renseignements qui m'ont été fournis ne me paraissant pas complètement surs. Je dois du reste faire remarquer ici que le poinçon de La Ferté, qui est évalué dans le manuscrit original des tableaux de l'an VII à 240 pintes, se trouve réduit, dans la copie imprimée, à 24 pintes, par suite de l'omission du zéro.

La pinte de *Nogent-le-Rotrou* a été évaluée par la commission à 0 lit. 952 (48 pouces cubes), et le poinçon à 240 pintes ou 228 litres. Mais il paraît constant que la pinte et le poinçon usités à Nogent-le-Rotrou n'étaient autres que la pinte et le poinçon de l'Orléanais. Or, Prévost de la Jannès, Jousse et Pothier, dans un commentaire publié en 1740 sur la Coutume d'Orléans, s'expriment ainsi à l'occasion de l'art. 392 : « Le poinçon d'Orléans doit
» contenir 210 pintes de la mesure qui est actuellement en usage
» dans cette ville. Car, suivant cet article, le poinçon doit conte-
» nir 12 *jallaies*, et chaque jallaie 16 grandes pintes d'Orléans,
» ce qui fait en tout 192 pintes. Mais la pinte dont il est parlé
» ici est la grande pinte qui était en usage au temps de la ré-
» formation de la Coutume, et qui était plus grande de 1/12ᵉ
» que celle dont on se sert aujourd'hui ; en sorte que 11 de ces
» pintes en valaient 12 de celles qui sont actuellement en usage.
» Ainsi, suivant cette proportion de 11 à 12, les 196 pintes an-
» ciennes en valent 209 et 1/2 de celles d'aujourd'hui... La pinte
» d'Orléans, dont nous nous servons aujourd'hui, mesurée sur
» l'étalon, contient exactement 56 pouces cubiques. Elle est par
» conséquent plus grande de 1/6 que celle de Paris qui n'en con-
» tient que 48. La pinte se divise ici en 2 chopines, et la chopine
» en 2 setiers ou 4 demi-setiers. La jallaie dont il est parlé dans

» cet article est presque inconnue aujourd'hui et n'est plus en
» usage..... Au lieu de cette mesure, on se sert aussi quelque-
» fois de la velte pour jauger les poinçons. La velte d'Orléans vaut
» 6 pintes de l'ancienne mesure, qui valent 6 pintes 6/11es de
» la nouvelle ou 367 pouces cubiques. Suivant ce calcul, le poin-
» çon doit contenir 32 veltes. Celui d'eau-de-vie ne contient que
» 29 veltes et 1/2, qui valent par conséquent 195 pintes de celles
» qui sont aujourd'hui en usage; mais cette mesure de 29 veltes
» et 1/2 est moins une mesure actuelle qu'une mesure de comp-
» te... » La pinte, contenant 56 pouces cubes, valait par conséquent 1 lit. 111, et le poinçon de vin, contenant 209 pintes et 1/2,
valait 233 litres.

Les mesures de *Voves* sont évaluées par la commission, la pinte à 1 lit. 07 (54 pouces cubes) et le poinçon à 200 pintes ou 114 litres. Mais il est certain, par la commune renommée, que les mesures de Voves n'étaient autres que celles d'Orléans dont je viens de parler. Je ne sais ce qui a pu occasionner l'erreur de la commission sur la contenance de la pinte usitée à Voves. Quant à l'erreur sur le nombre de pintes au poinçon qui se trouve réduit de 210 à 200, elle provient sans doute de ce que la commission a confondu le poinçon de vin avec le poinçon d'eau-de-vie. Ce dernier, qui n'était qu'une mesure de compte, avait en effet été porté par l'usage de 195 à 200 pintes.

La contenance du poinçon est souvent omise dans les tableaux de l'an VII. J'ai rempli cette lacune toutes les fois que cela m'a été possible. Ainsi j'ai évalué le poinçon de *Janville* à 200 pintes; celui du *Puiset* à 184; celui de *Toury* à 150. Il est à remarquer que la pinte de Toury s'appelait *pinte de Saint-Denis*; et celle du Puiset, *pinte de la Madeleine*, du nom des foires de ces deux pays.

La commission n'a pas indiqué la contenance en pintes du poinçon d'*Auneau*. Mais elle a dit que ce poinçon était *le même que celui de Chartres*. Or la pinte d'Auneau étant évaluée à 1 lit. 369 (69 pouces cubes), il en résulte que le poinçon d'Auneau contenait près de 151 pintes locales.

Le musée de la ville de Chartres possède une vieille mesure qui remonte à la fin du XIIIe siècle. C'est un vase de bronze, à deux anses verticales, du poids de 35 kilogrammes 9/10. Sa forme est celle d'un cylindre s'élargissant un peu du fond à l'ouverture. Il présente une profondeur de 185 millimètres sur un diamètre moyen de 421 millimètres, et contient 25 litres et 1/2. La paroi latérale, épaisse de 11 millimètres, porte extérieurement, sur trois lignes en relief, l'inscription suivante qui l'embrasse toute entière : CETUI : MINOT : FUT : FET : EN : L'AN : M : CC : IIII : ET III : DU : MOIS : DE : NOVEMBRE : AU TENS : JEHAN : DE : CHEVREUSE : BAILLIF : D'ORLIENS : ME : FIT : PRIEZ POUR LI : GUILLAUME : LE : SAINTIER. Suivant sa propre inscription, cette mesure s'appelait donc *minot*. Cependant, et bien que je n'aie jamais vu donner ce nom qu'à des mesures à grains, je pense que c'est une ancienne mesure pour les liquides. En effet elle présente à la paroi latérale, au niveau du fond, une ouverture ovale de 20 à 25 millimètres de diamètre, faisant quelque peu saillie à l'extérieur. Du reste il est à croire que c'est une mesure d'Orléans et non une mesure de Chartres.

LOCALITÉS PRINCIPALES.	CONTENANCE de la pinte en litres.	CONTENANCE DU POINÇON	
		en pintes.	en litres.
Anet	lit. 1. 111	216	240
Arrou	1. 558	»	»
Aunay-sous-Auneau . .	1. 010	»	»
Auneau.	1. 367	151	206
Authon.	1. 486	140	208
Bailleau-l'Évêque. . . .	1. 012	204	206
Barmainville.	1. 845	»	»
Beaumont-les-Autels . .	1. 902	»	»
Bonneval	0. 862	200	172
Brezolles	0. 951	120	112
Brou.	1. 427	150 à 160	214 à 228
Bu.	0. 848	240	204
Bullou	1. 189	»	»
Champrond-en-Gâtine. .	1. 785	120	214
Charbonnières.	1. 567	»	»
Charonville	1. 962	120	255
Chartres	1. 012	204	206
Châteaudun.	1. 097	200	219
Châteauneuf.	1. 204	240	289
Chérizy.	0. 952	240	228
Civry.	1. 097	200	219
Cloyes	1. 066	208	222

LOCALITÉS PRINCIPALES.	CONTENANCE de la pinte en litres.	CONTENANCE DU POINÇON	
		en pintes.	en litres.
Coulombs	lit. 1. 665	117 6/7	196
Courtalain	1. 633	»	»
Courville	1. 724	120	207
Croisilles	2. 081	97 2/7	202
Dammarie	1. 070	200	214
Dangeau	1. 070	200	214
Denonville	1. 546	»	»
Dreux	0. 833	240	200
Épernon	1. 323	160	212
Frazé	2. 380	»	»
Gallardon	1. 167	200	233
Gommerville	1. 735	»	»
Grandville	1. 590	»	»
Happonvilliers	1. 382	»	»
Illiers	1. 843	120	221
Janville	1. 195	200	239
La Bazoche	1. 442	145	209
Lamneray	1. 097	»	»
La Ferté-Vidame	1. 007	240	242
La Loupe	1. 785	120	214
Le Puiset	1. 278	184	235
Le Tremblay	0. 952	240	228
Maintenon	1. 828	120	219
Maisons	1. 785	»	»
Marboué	1. 070	220	235
Mérouville	1. 474	»	»
Néron	1. 425	157 1/2	196
Nogent-le-Roi	1. 308	150	196
Nogent-le-Rotrou	1. 111	209 1/2	233
Orgères	0. 952	200	190
Ouarville	1. 436	»	»
Saint-Avit	1. 932	»	»
Saint-Denis-des-Puits	2. 140	110	235
St-Lubin-des-Joncherets	0. 910	240	218
Sainville	2. 140	100	214
Sancheville	1. 100	200	220
Santeuil	1. 070	200	214
Saumeray	1. 546	»	»
Senonches	0. 934	221	206
Thiron	0. 934	240	225
Toury	1. 578	150	237
Voves	1. 111	209 1/2	233

V.

MESURES POUR LE SEL, LA CHAUX, LE PLATRE, LE MINERAI, ETC.

Le sel, qui s'était toujours mesuré au *minot*, se vendait au poids depuis l'abolition de la gabelle.

La chaux et le plâtre se mesuraient au *poinçon*, au *minot*, au *boisseau*, etc., toutes mesures dont la contenance variait, comme on l'a déjà vu, suivant les localités.

Le minerai, exploité notamment dans le canton d'Anet, se mesurait à la *razière* qui était reputée contenir 202 livres poids de marc ou 98 ^{kilog} 880.

Les fruits à cidre se vendaient à la *poinçonnée*. Le *poinçon*, qui se mesurait comble, contenait un plus ou moins grand nombre de *raissées*, la *raisse* étant une sorte de panier à deux mains, d'une contenance presque aussi indéterminée que celle de la hotte, par exemple.

Les cultivateurs comptent encore aujourd'hui les gerbes au *nombre*, c'est-à-dire à la douzaine.

MONNAIES.

La monnaie royale, appelée *monnaie tournois* du nom de la ville de Tours où elle avait été d'abord fabriquée, avait seule cours légal en France lors de la création de notre monnaie décimale. La monnaie des seigneurs, notamment celle des comtes de Paris, appelée *monnaie parisis*, était en effet depuis longtemps abolie.

L'ancienne unité monétaire était la *livre*, à laquelle on donnait aussi le nom de *franc*. C'était une monnaie de compte qui se divisait en 20 sous. Le *sou*, monnaie effective, se divisait lui-même en 12 deniers. Le *denier* n'était plus, dès la fin du XVIIe siècle, qu'une monnaie de compte.

La *pistole* était également une monnaie de compte de la valeur de 10 livres. La pièce de *six-blancs* valait jadis 2 sous 1/2.

La loi du 25 germinal an IV ayant fixé la valeur du franc nouveau à 1 livre 3 deniers, il en résulte que 81 livres correspondent exactement à 80 francs.

centim.
La *livre tournois* (4/5es de la *livre parisis* valait donc 89. 7654.
Le *sou*. 4. 94
Le *denier*. 0. 4
8

Les anciennes monnaies effectives en usage lors de l'établissement de notre monnaie décimale étaient, savoir :

En or, au titre de 22 karats, c'est-à-dire de 22/24es de fin, le *louis* de 24 livres, à la taille de 30 et même, depuis 1785, de 32 au marc; le *demi-louis*; le *double-louis*;

En argent, au titre de 11 deniers, c'est-à-dire de 11/12es de fin, l'*écu* de 3 livres, à la taille de 16. 6 au marc; le *double-écu*; les pièces de 24, de 12 et de 6 sous (5e, 10e et 20e du *double-écu*);

En billon et en cuivre, la pièce de 3 deniers appelée *liard*, le *double-liard*, le *sou*, la pièce de *six-liards*, le *double-sou*.

Quant aux pièces d'argent de 15 et de 30 sous, contenant 1/3 d'alliage, elles n'ont été créées qu'en 1791, et il n'en a plus été fabriqué depuis cette époque.

SUPPLÉMENT

Concernant le Karat, la Toise, l'Aune, le Tonneau de mer, et les Mesures de Chartres pour les liquides.

I.

Le *Karat* ou *Kirat*, que nous avons emprunté des Arabes pour peser les pierres précieuses, est, d'après Makrisy (*Traité des monnaies musulmanes*), le 18e de la *drachme persanne*. Or cette drachme n'est autre, suivant la *Métrologie* de Romé de Lisle, que le *gros* poids de marc, l'un et l'autre représentant exactement l'ancienne *drachme grecque*. Le karat (6e du *denier*) devrait donc peser 4 grains poids de marc ou 212 $^{millig.}$ 46. Cependant, d'après la *Métrologie* de Paucton, il ne pèse en réalité que 3 ^{grains} 876 ou 205 $^{millig.}$ 87 ; et même, suivant le *Tableau des anciennes mesures du département de la Seine*, 3 ^{grains} 866 ou 205 $^{millig.}$ 54. On a néanmoins conservé le nom de *grain* au *quart de Karat*, qui pèse, d'après cette dernière évaluation, 51 $^{millig.}$ 54 et se divise en 16es de 16e.

On se servait autrefois, dans le commerce des matières d'or, d'un poids appelé également *karat*, (48 fois plus fort que le karat primitif des lapidaires), qui était la 24e partie du *marc* et pesait par conséquent 192 *grains*. En effet, dans son *Traité des poids et mesures légales des Musulmans*, Beth cite, d'après Bouteroue, deux pièces d'or frappées sous le règne de Charles VII, l'une de 192 grains ou 10$^{gram.}$198, portant cette légende :

DE FIN OR SUIS, UN DROIT KARAT PESANT ;

l'autre, d'une once c'est-à-dire trois fois 192 grains, portant cette autre légende ;

D'OR FIN SUIS, EXTRAIT DE DUCATS
ET FUS FAIT PESANT TROIS KARATS.

II.

La dix-millionième partie du quart du méridien terrestre, évaluée provisoirement, par le décret du 1er août 1793, à 0^{toise} 513,243, ayant été réduite, par la loi du 19 frimaire an VIII, à 0^{toise} 513,074, il en résulte que le mètre définitif vaut réellement 443$^{lig.}$ 295,936. Mais, pour faciliter les calculs de conversion dans les usages ordinaires de la vie, cette même loi a fixé la valeur légale de l'unité linéaire à 443$^{lig.}$ 296 ; et c'est cette base que j'ai dû suivre dans le cours de cet ouvrage. Je crois cependant devoir donner ici un tableau comparatif de la valeur de la *toise linéaire*, de la *toise carrée* et de la *toise cube*, suivant la valeur légale et la valeur réelle du mètre.

Toise linéaire $\begin{cases} \text{légale, } 1.\ 949{,}036{,}509{,}5 \\ \text{réelle, } 1.\ 949{,}036{,}591{,}2 \end{cases}$ m.

Toise carrée.. $\begin{cases} \text{légale, } 3.\ 79{,}87{,}42{,}537 \\ \text{réelle, } 3.\ 79{,}87{,}45{,}6358 \end{cases}$ m. car.

Toise cube... $\begin{cases} \text{légale, } 7.\ 405{,}887{,}156 \\ \text{réelle, } 7.\ 405{,}890{,}343 \end{cases}$ m. cub.

En traitant (pages 14 et 54) de diverses mesures de superficie et de solidité, imaginées par les toiseurs, j'aurais pu ajouter aux mesures de superficie le *pied-ligne*, le *pouce-ligne*, le *pouce-point*, etc.; et aux mesures de solidité, la *toise-pied-pied*, la *toise-pied-pouce*, la *toise-pouce-pouce*, la *toise-pouce-ligne*, le *pouce-pouce-ligne*, le *pouce-ligne-ligne*, la *ligne-ligne-point*, etc. Mais j'ai voulu seulement faire connaître, comme exemples, les mesures les plus usitées. Je dois du reste prévenir le lecteur qu'en évaluant la *toise-toise-pied*, etc., j'ai basé par mégarde mes calculs sur la valeur réelle et non sur la valeur légale de la toise, ce qui fait, ainsi qu'on peut s'en assurer, une différence en plus de bien peu d'importance.

III.

L'*aune mercière* de Paris avait été fixée par les ordonnances de François Ier et Henri II (avril 1540, octobre 1557) à 3 pieds 7 pouces 8 lignes, mesure d'alors. Mais la toise ayant été réduite, en 1668, de 4 lignes et moins de 7/10es, les commissaires de l'Académie des Sciences, chargés en 1745 de mesurer l'étalon de cette aune, déposé au bureau des marchands merciers, reconnurent que sa longueur exacte était de 3 pieds 7 pouces 10 lignes 5/6. (*Métrologie* de Paucton). L'aune mercière, qui s'était répandue dans presque toute la France, dût s'établir également à Chartres. C'est donc probablement par erreur que la commission d'Eure-et-Loir a évalué *l'aune de Chartres* à 3 pieds 8 pouces; toutefois la perte de l'étalon de cette mesure ne permet que des conjectures à cet égard.

Quoiqu'il en soit, il y avait à Paris, outre l'aune mercière ou commune, une *aune drapière*, de 3 pieds 7 pouces 9 lignes 3/5es, dont l'étalon était conservé dans le bureau des marchands drapiers. (*Métrologies constitutionnelle et primitive*, etc.) L'aune drapière valait: en longueur, 1^m.186; en carré, 1$^{m.c.}$40,57,98.

IV.

Le *tonneau de mer* n'est pas seulement un poids, mais encore une mesure de capacité pour le jaugeage des navires. Sous ce dernier rapport, l'ancien tonneau de mer contenait 42 pieds cubes ou 1$^{met.\ cub.}$44, en sorte que son poids ne correspondait qu'aux deux tiers de sa capacité. Au contraire le nouveau tonneau de mer est représenté, comme mesure de capacité, par le mètre cube; et, comme poids, par le poids du mètre cube d'eau (page 7, note 7).

V.

La pièce contenue en la chemise mentionnée page 151 est de 1743. Elle rappelle qu'il est dû 2 *barils au prieur de Sainte-Foy*. Le notaire qui l'a inventoriée a traduit 2 *barils* par 112 *pintes autrement un tierçain*.

APPENDICE.

ORIGINE DE NOTRE NUMÉRATION ÉCRITE.

A quel peuple appartient l'honneur de nous avoir communiqué notre système de numération écrite?

Des auteurs l'ont attribué aux Assyriens, aux Chaldéens, aux Carthaginois, aux Scythes, aux Chinois, aux Egyptiens, aux Phéniciens, et aux Hébreux.

La croyance vulgaire, qui remonte jusqu'au XIIIe siècle, s'est prononcée en faveur des Arabes et des Indiens, à ce point qu'elle a imposé à nos dix chiffres le nom de *chiffres arabes*.

A la vérité il est constant, d'une part, que c'est précisément lors de nos communications avec les Maures d'Espagne que notre système de numération s'est vulgarisé en Europe; et, d'autre part, que, bien antérieurement à cette époque, ce système était en usage dans l'Orient où les Arabes l'avaient emprunté, vers le IXe siècle, aux Hindoux.

Cependant quelques érudits ont pensé, depuis deux à trois cents ans, que notre méthode de calcul pouvait avoir une origine romaine, et primitivement une origine grecque. Ils se fondaient sur le passage final du premier livre de la *Géométrie de Boëce* (écrite à la fin du Ve ou au commencement du VIe siècle), dans lequel l'auteur expose un mode de calcul qu'il attribue à Pythagore. Mais ce passage, demeuré d'une obscurité impénétrable, laissait le champ libre aux partisans des Arabes et des Indiens, lorsque, en 1857, M. Chasles en donna, pour la première fois, une explication littérale dans son *Aperçu historique sur l'origine et le développement des Méthodes en Géométrie*.

Depuis lors M. Chasles a étudié, avec une attention patiente et sagace, divers manuscrits du philosophe romain, épars dans les bibliothèques d'Europe, le fameux traité *De numerorum divisione* de Gerbert, adressé à Constantin, moine de l'abbaye de Fleury, et plusieurs autres traités d'arithmétique écrits au XIe siècle sous le nom d'*Abacus*, notamment celui de Bernelinus. Quelques-uns de ces ouvrages ont été cités par les chroniqueurs, mais seulement sous ce titre d'*Abacus*; et l'on était loin jusqu'ici de se douter de la nature des spéculations mathématiques qu'ils avaient en vue. M. Chasles a enfin déroulé ce secret dans de savantes dissertations insérées aux comptes-rendus des séances de l'Académie des Sciences et dont je vais essayer de donner une succincte analyse (1).

La *Table de Pythagore*, dont parle Boëce en disant que les modernes l'appellent *Abacus* (ancien mot latin dérivé du grec *abax*), n'est point, comme on l'a cru unanimement, la *Table de multiplication*. C'était un tableau préparé pour la pratique de l'arithmétique, où étaient tracées d'avance des *colonnes* qui marquaient distinctement les différents ordres d'unités. Le système de numération auquel s'appliquait ce tableau, qui lui a donné son nom *Abacus*, reposait sur ces trois principes fondamentaux, la *progression décuple*, l'usage de *neuf chiffres significatifs* et la *valeur de position* de ces chiffres (2). Il ne différait donc de notre système actuel que dans la pratique et en un seul point, l'absence du zéro qui était suppléé par des *colonnes* dont l'usage permettait de laisser la place vide partout où nous mettons cette figure auxiliaire. Il existe en effet de nombreux manuscrits sur l'*Abacus* où se trouvent des *exemples figurés* de calculs avec des *colonnes* surmontées des chiffres romains I, X, C, M, XM, CM, MM, XMM, CMM, MMM, qui indiquent la colonne des unités, dixaines, centaines, mille, dixaines de mille, centaines de mille, *mille mille* (millions), dixaines de *mille mille* (dixaines de millions), centaines de *mille*

---

(1) Voir les *Comptes-rendus des séances de l'Académie* des 13 mai 1838, 21 janvier, 7 et 14 octobre 1839, 11 avril 1842, 23 et 30 janvier et 6 février 1843. Voir également le *Catalogue des manuscrits de la Bibliothèque de Chartres*, par MM. Chasles et Rossard; un vol. in-8, Chartres, 1840 (pages 22, 32 à 35).

(2) Un manuscrit découvert par M. Halliwell dans la Bibliothèque du collège de la Trinité, explique, dans les termes suivants, comment le système de l'Abacus s'est transmis de Pythagore jusqu'à Boëce : « Hanc igitur artem numerandi apud Grecos Samius Pythagoras et Aristoteles scripserunt, diffusiùsque Nicomachus et Euclides: licet et alii in eadem floruerunt (sic), ut est Eratosthenes et Crisippus. Apud Latinos primus Apuleius, deindè Boëcius. »

mille (centaines de millions), *mille mille mille* (milliards) (1).

C'est cette méthode de calcul, identiquement la même, qui a été cultivée, aux Xe et XIe siècles, par Adalbéron (archevêque de Rheims), Gerbert (d'abord successeur d'Adalbéron, puis pape sous le nom de Sylvestre II), Abbon (abbé de Fleury), Hériger (abbé de Lobes), Adelbolde (évêque d'Utrecht), Bernelinus (disciple de Gerbert), Hermann-Contractus, Gui d'Arezzo, Gerland, etc. Aussi les savants traducteurs Adelard, Savosarda, Jean Hispalensis, Platon de Tivoli, Rodolphe de Bruges, Gérard de Crémone, qui, dans le cours du XIIe siècle, nous ont mis en possession de toutes les connaissances mathématiques et philosophiques des Arabes, n'ont-ils pas traduit un seul traité d'arithmétique, et n'ont-ils témoigné nulle part l'étonnement que leur aurait certainement causé la découverte d'un système de numération aussi parfait, si ce système leur avait été jusqu'alors inconnu. On lit au contraire dans un traité sur l'*Abacus* avec des *colonnes* (où est aussi le *zéro*, sous les noms de *sipos*, *rotula*) (2), composé, vers la fin du XIe siècle, par Radulphe ou Raoul de Laon, frère du célèbre Anselme, que ce système était tombé

---

(1) Les *colonnes* de l'*Abacus* sont appelées par les auteurs *pagina*, *paginula*, *linea*, *terminus*, *spatium*, *intervallum*, *sedes*, *locus*, *regio*, *ordo*, etc. Ainsi *linea singularis*, *linea deceni*, etc., signifient *colonne des unités*, *colonne des dizaines*, etc. Gerbert ne donne pas de noms propres aux colonnes; il les désigne simplement, pour plus de brièveté sans doute, par les mots *singularis*, *decem*, *centum*, *mille*, etc., c'est-à-dire par les nombres I, X, C, M, etc., écrits au haut des colonnes. Le terme le plus usité, dans tout le cours du XIe siècle, était *arcus*, parce que les colonnes étaient surmontées d'arcs de cercle dans lesquels on plaçait les nombres I, X, C, etc. De plus grands arcs de cercle embrassaient les colonnes trois à trois, dans le but principalement de faciliter l'énonciation des nombres. De là l'usage conservé jusqu'à nos jours de diviser les nombres en tranches de trois chiffres par des points ou des virgules.

(2) L'usage simultané des *colonnes* et du *zéro* marque le passage du système des colonnes sans zéro, au système du zéro sans colonnes. On ne tarda pas en effet à s'apercevoir, après l'introduction du zéro, que, du zéro ou de la colonne, un seul suffisait, et que c'était l'emploi du zéro qui était de beaucoup le plus commode.

en oubli chez les nations occidentales et que Gerbert et Hermann l'ont fait revivre (1).

Sans doute les ouvrages des auteurs latins nous présentent toujours les nombres écrits au moyen des sept lettres I, V, X, L, C, D, M, connues sous le nom de *chiffres romains*. Mais il est fort probable que les calculs se faisaient au moyen des neuf chiffres décrits par Boëce, qui les appelle *Apices*. Seulement, comme le parchemin était cher, on opérait sur une table couverte de poudre et l'on ne consignait sur parchemin que le résultat, en l'écrivant en caractères vulgaires, c'est-à-dire en *chiffres romains*. Cette conjecture fort vraisemblable sur l'usage pratiqué par les Romains est parfaitement vraie pour la France aux Xe et XIe siècles, car les auteurs de traités sur l'*Abacus* disent formellement qu'on pratiquait cette méthode de calcul sur la *table couverte de poudre* ou *table des géomètres*. Voilà donc pourquoi ni les ouvrages des Latins, ni les traités des XIe et XIIe siècles ne nous présentent les moindres traces de calculs; pourquoi nous n'avons aucun traité d'arithmétique en *chiffres romains*; pourquoi enfin les seuls exemples de calculs figurés que nous possédions se trouvent tous dans les traités sur l'*Abacus* (2).

Ainsi les Indiens et les Arabes d'une part, les Grecs et les Romains de l'autre, ont connu d'eux-mêmes la numération décimale écrite qui fait usage de neuf chiffres significatifs prenant des valeurs de position (3); mais c'est des Latins que nous est

---

(1) C'est donc à tort que plus tard, au XIIe siècle, Guillaume de Malmesbury a dit de Gerbert : *Abacum certè primus à Saracenis rapiens, regulas dedit quae à sudantibus Abacistis vix intelliguntur*. En effet Richer, ami de Gerbert, ni aucun autre de ses contemporains n'ont jamais dit qu'il eût rapporté le système de l'Abacus de Cordoue ou de Séville où il avait étudié, ni même qu'il l'eût enseigné le premier en France, mais seulement qu'il avait puissamment contribué, au Xe siècle, à rétablir dans les Gaules l'usage de cette ancienne méthode des Romains.

(2) C'est seulement au XIIe siècle qu'on a commencé à introduire les chiffres dans l'écriture, au lieu des lettres romaines.

(3) Une preuve incontestable que les Latins ont connu le principe de la valeur de position des chiffres, c'est qu'on trouve dans les auteurs anciens plusieurs nombres exprimés en *chiffres romains*, et où les chiffres destinés aux mille ne sont pas surmontés du trait horizontal accou-

venu ce système qui était déjà employé en France, du moins par les savants, au commencement du XIIe siècle, époque à laquelle se sont étendues nos relations scientifiques avec les Arabes.

Il est certain que nous n'avons même pas emprunté la forme de nos chiffres aux Arabes; car nos chiffres dérivent évidemment des *Apices* de Boëce, qu'on voit au moyen-âge dans les nombreux traités de l'*Abacus*, et qui ont seulement subi, comme l'écriture elle-même, l'altération du temps, tandis que les chiffres des Arabes n'offrent aucune ressemblance ni avec ceux de Boëce ni avec les nôtres. La vérité de l'histoire demande donc que nous renoncions à ces expressions fausses de *chiffres arabes*, *arithmétique arabe*, reproduites journellement dans nos ouvrages, pour dire *chiffres de Boëce*, ou même de *Pythagore*.

M. Chasles a, en outre, prouvé que nous ne devons aux Arabes ni l'idée, ni la figure du zéro; mais que le zéro s'est introduit, vers la fin du XIe siècle, comme un perfectionnement naturel, dans le système de l'*Abacus*, peut-être par imitation de l'arithmétique sexagésimale des Grecs et des Latins où se trouve le zéro, sous la forme d'un cercle (l'*omicron* grec), pour marquer la place des degrés, minutes et secondes qui manquent dans l'expression d'un nombre astronomique.

En effet, d'une part les Arabes représentent le zéro par un point, et s'ils emploient parmi leurs chiffres un petit cercle, c'est-à-dire notre zéro, c'est pour représenter le cinq. D'autre part, M. Chasles a découvert, dans plusieurs manuscrits du XIe siècle, dix vers latins donnant, avec le nom et la valeur numérique des neuf chiffres significatifs, le nom et l'étymologie du zéro. Voici, au surplus, ces vers, en regard desquels est figuré, dans les manuscrits, le chiffre auquel chacun d'eux s'applique.

> *Ordine primigeno jam nomen possidet* IGIN.
> ANDRAS *cccc locum prævindicat ipse secundum.*
> ORMIS *post numerus non compositus sibi primus.*
> *Denique bis binos succedens indicat* ARBAS.

---

tumé. Ainsi on lit dans Pline XVI. XX. DCCC. XXIX, pour 1,620,829 (Livre III, chap. 3°). Le principe de la valeur de position des chiffres se trouve ici mis en pratique au moyen d'un point qui sépare les chiffres des différents ordres décuples.

Significat quinos ficto de nomine QUIMAS.
Exa tenet CALCIS *perfecto munere gaudens.*
ZENIS *enim digne septeno fulget honore.*
Octo beatificos TEMENIAS *exprimit unus.*
Terque notat trinum CELENTIS *nomine rithmum.*
Hinc sequitur SIPOS; *est qui rota namque vocatur* (1).

Le dixième et dernier caractère, appelé *Sipos* et figuré ainsi O, représente notre zéro. Son nom dérive du grec *psêphos* ou de l'hébreu *psiphas*, qui signifient *calculus* (jeton à compter); aussi est-il traduit par *rota*, ailleurs par *rotula* (roue).

Dans les anciens traités d'*Algorisme* (nom substitué, dans le XIIe siècle, à celui d'*Abacus*, quand le tableau à colonnes fut tombé en désuétude), le zéro est appelé indifféremment *circulus* (cercle) ou *cifra*. Or, c'était ce dernier mot, dérivé de l'arabe *syfr*, et signifiant *inane, nihil, vacuum* (vide, rien, néant) (2), qui avait paru aux savants une preuve péremptoire de l'origine arabe de notre arithmétique. Mais il est au contraire bien évident que l'usage du zéro, qui s'est introduit primitivement dans notre système de numération sous une forme et sous un nom grecs (O, *Sipos*), n'est point un emprunt fait à l'arithmétique orientale.

---

(1) Voici deux autres pièces évidemment plus anciennes, puisqu'elles ne parlent, ni l'une ni l'autre, du zéro. Le dernier vers du quatrain est remarquable en ce qu'il indique bien clairement le principe de la *valeur de position*:

1° Unus adest *Igin*; *Andras* duo: tres reor *Armin*;
   Quatuor est *Arbas*; et per quinque fore *Quinas*;
   Sex *Caltis*; septem *Zenis*; octo *Zenienias*;
   Novem *Zelenthis*; per deno sume priorem.

2° Primus *Igin*; *Andras*; *Ormis*; quarto subit *Arbas*;
   Quinque *Quinas*; TERMAS; *Zenis*; *Themenias*; *Celentis*.

(2) Le mot *cifra* offre deux étymologies qui s'accordent chacune parfaitement avec le rôle du zéro. Il dérive en effet soit de l'arabe *syfr*, signifiant *vacuum*, parce que le zéro tient une place qui demeurait vide dans les colonnes de l'Abacus; soit d'un ancien mot hindoux, signifiant *progression*, employé aujourd'hui en Perse dans le même sens, parce que le zéro placé, suivant deux systèmes de numération décimale, au-dessus ou à droite d'un chiffre significatif, en décuple la valeur.

Du reste, *syfr*, traduit généralement par *cifra*, l'a été également par *zephirum*. Et c'est cette dernière expression, importée en Italie par Léonard Fibonacci de Pise, en 1202, à son retour des côtes d'Afrique, qui paraît avoir donné naissance au mot *zéro*; mais ce mot n'a remplacé en France les expressions *circulus* et *cifra* que très tardivement (vers le XVIe siècle).

II.

ORIGINE DES FRACTIONS DÉCIMALES (*).

Simon Stevin, de Bruges, est l'inventeur des fractions décimales. En effet, dans son traité sur la *Pratique d'Arithmétique*, publié en 1585, il propose pour les opérations sur les fractions une méthode de calcul, déjà suivie par un grand nombre d'arpenteurs hollandais auxquels il l'a enseignée, et qui a, dit-il, le précieux avantage d'être parfaitement semblable à la méthode employée pour les nombres entiers.

Afin d'appliquer cette méthode, qu'il appelle *disme*, aux fractions, il divise, savoir : l'unité ou *commencement* en dix *primes;* la prime, en dix *secondes;* la seconde, en dix *tierces;* la tierce, en dix *quartes*, etc.; et il distingue sur le papier l'*unité*, la *prime*, la *seconde*, etc., par les signes (0), (1), (2), etc., qu'il place au-dessus d'elles (**). Par exemple, il écrit le nombre fractionnaire 52 84/100 de cette manière 5 $\overset{(0)}{2}$ $\overset{(1)}{8}$ $\overset{(2)}{4}$; et la fraction 2/1000 de cette manière $\overset{(3)}{2}$. Puis il démontre l'application aux dismes des quatre règles de l'arithmétique usitées pour les nombres entiers.

Cette admirable invention faite, il s'agissait d'en faciliter l'usage en simplifiant le système de notation. Or, ce système fut successivement modifié de plusieurs manières, à diverses époques et en différens pays.

(*) Les bases de cet article m'ont été fournies verbalement par M. Chasles, à qui j'en témoigne ici toute ma reconnaissance.

(**) Stevin enfermait ses marques 0, 1, 2, 3, etc., dans un *cercle*. L'imprimerie n'employant pas de pareils signes, j'ai été obligé de me servir de *parenthèses*. Mais je devais aux lecteurs cet avertissement, pour ne pas les induire en erreur.

La première idée d'une notation plus simple paraît être due au hollandais Pitiscus. Ce savant dit en effet, dans la troisième édition de son ouvrage sur la Trigonométrie, publiée à Francfort en 1612 (*), qu'il est beaucoup plus court et plus commode d'écrire, par exemple, 09 que $\frac{9}{10}$.

Quatre ans plus tard, l'inventeur des logarithmes employait le système de notation qui se pratique aujourd'hui, exactement le même. En effet on lit, dans le second ouvrage de l'illustre écossais Napier (*Néper*) sur les logarithmes, imprimé après sa mort à Édimbourg en 1618 (**), que les deux nombres fractionnaires 10000000.04 et $10000000\frac{4}{100}$ sont un seul et même nombre exprimé diversement. Or, voilà bien le *point* séparatif entre l'entier et la fraction ; voilà le *zéro* remplaçant la prime absente avant le premier chiffre décimal.

Le géomètre hollandais Albert Girard, qui publia, en 1625, les œuvres de Stevin, ne connaissait probablement pas les systèmes de Pitiscus et de Napier ; car un passage, qu'on trouve à la fin de sa traduction du sixième livre de Diophante, nous apprend qu'il se servait des marques de Stevin, avec cette seule différence qu'il supprimait, comme inutiles, les notations des premiers chiffres décimaux, et qu'il mettait, non plus au-dessus, mais à la suite du dernier chiffre décimal, la notation de ce dernier chiffre.

En 1656, l'écossais Jacques Hume publia à Paris son *Traité de la Trigonométrie*, écrit en français, dans lequel il emploie le zéro pour remplacer les primes, secondes, etc., absentes avant le premier chiffre décimal des nombres fractionnaires. Pour le surplus, son système, qu'il avait déjà fait connaître dans un ouvrage sur l'arithmétique, est le même que celui d'Albert Girard ; seulement il supprime la notation de l'unité, et en outre il fait les

---

(*) *Bartholomæi Pitisci Grunbergensis Silesii Trigonometriæ, sive de dimensione triangulorum, libri quinque*, etc. Editio tertia, Francofurti, 1612, in-4°. (Voir page 44.)

(**) Cet ouvrage fut, quatre ans plus tard, réimprimé en France sous ce titre : *Mirifici logarithmorum canonis constructio et eorum ad naturales ipsorum numeros habitudines*, etc. Authore et inventore Joanne Nepero, Barone Merchistonii et Scoto. Lugduni, 1620. In-4°. (Voyez cette édition, page 6.)

notations en lettres romaines, sans les entourer d'un cercle. Ainsi on lit (page 19) 107918124 VIII pour 1.07918124, et 2727 VIII pour 0.00002727. Il est même à remarquer qu'une fois (page 24), Hume, ayant à écrire une fraction, fait suivre chaque chiffre de la notation qui lui est propre.

Si le système de Napier n'était pratiqué ni par Girard ni par Hume, il n'était pourtant pas complètement inconnu de leur temps. On le voit enseigné à Paris, par Marie Crous, dans cette même année 1636. Resterait seulement à savoir si cette femme avait puisé son système de notation dans le savant ouvrage de Napier, ou si elle en a fait elle-même la découverte après ce grand génie.

Un fait remarquable c'est que le jésuite André Tacquet, dans son ouvrage sur l'arithmétique, publié à Anvers en 1665 (*), employait encore le système de Stevin dans toute sa pureté, si ce n'est que, à l'exemple de Hume, il supprimait la marque de l'unité et préférait pour les notations des chiffres décimaux les lettres romaines. Il est bien vrai que, dans l'expression des nombres fractionnaires, le livre de Tacquet présente quelques fois *cumulativement* et le *point* de Napier et les *marques* de Stevin, par exemple (page 175), $8\overset{\text{\tiny I}}{3}.\overset{\text{\tiny II}}{2}\overset{}{1}$; mais, le plus souvent, le *point* n'existe pas; et comme Tacquet ne parle jamais du *point*, on doit supposer que, s'il se rencontre dans quelques cas, c'est du fait de l'imprimeur et non de Tacquet lui-même.

Ainsi le nombre fractionnaire $2\,{}_{81/000}$ aurait été écrit successivement, savoir: par Stevin, $2\overset{(0)}{\ }8\overset{(2)}{\ }1\overset{(3)}{\ }$; par Napier, 2.081; par Girard, $2\overset{(0)}{\ }8\,1\,{}^{(3)}$; par Hume, 2081 III; enfin par Tacquet, $2\overset{\text{\tiny II}}{\ }8\overset{\text{\tiny III}}{\ }1$.

Si Stevin a la gloire d'avoir inventé les fractions décimales (**),

---

(*) L'édition que j'ai consultée porte le titre suivant: *Arithmeticæ theoria et praxis, auctore Andreâ Tacquet, è Societate Jesu, matheseos professore. Editio ultima correctior. Antverpiæ*, 1620. In-8°.

(**) Molestiis fractorum Simonis Stevinii præclaro invento liberati sumus. Is enim docuit loco fractionum vulgarium decimales adhibere, quas insigni compendio itâ prorsus tractare liceat, ac si integri essent numeri. (Tacquet, page 171.)

et Napier d'en avoir merveilleusement simplifié la notation, le nom de Marie Crous mérite d'être inscrit à côté de ces noms illustres dans l'histoire de l'arithmétique; car cette femme a parfaitement compris tout l'avantage pratique que l'on pouvait tirer de la division décimale en l'appliquant aux poids, mesures et monnaies. Dans un ouvrage sur l'arithmétique, imprimé à Paris en 1636 (*), elle invite les Souverains à faire cette heureuse application; et, pour la rendre plus facile, elle publie elle-même des tables de conversion des *sous* et *deniers*, des *onces*, *gros* et *grains*, des *pieds*, *pouces* et *lignes*, en fractions décimales de la *livre-monnaie*, de la *livre-poids* et de la *toise*.

C'est donc le vœu de Marie Crous que notre système décimal des poids et mesures est venu réaliser au bout d'un siècle et demi.

(*) *Advis de Marie Crous aux filles exersantes l'arithmétique : sur les dixmes ou dixième du sieur Stevin* (sic).

ERRATA.

Page 5, ligne dernière de la 5ᵉ colonne du tableau, lisez *décigramme* au lieu de *décagramme*.

Page 8, ligne 4ᵉ de la 3ᵉ colonne du tableau, lisez *décigrammes* au lieu de *décagrammes*.

Page 20, ligne 3ᵉ après le tableau, lisez *carrées* au lieu de *carrés*.

TABLE

DES MATIÈRES.

	Pages
AVERTISSEMENT	1

ANCIENNES MESURES d'EURE-ET-LOIR.

   POIDS 11

   MESURES LINÉAIRES.

I. Mesures générales 12
II. Mesures pour les étoffes 12
III. Mesures itinéraires 13

   MESURES DE SUPERFICIE.

I. Mesures générales 13
II. Mesures pour les tapis et tapisseries 14
III. Mesures topographiques 14
IV. Mesures agraires 14

   MESURES DE SOLIDITÉ, DE VOLUME OU DE CONTENANCE.

I. Mesures générales 34
II. Mesures pour le bois 38
III. Mesures pour le blé 39
IV. Mesures pour les liquides 49
V. Mesures pour le sel, la chaux, le plâtre, le minerai, etc. 57

   MONNAIES 57

   SUPPLÉMENT concernant le karat, la toise, l'aune, le tonneau de mer, et les mesures de Chartres pour les liquides . . 58

   APPENDICE.

I. Origine de notre numération écrite 64
II. Origine des fractions décimales 67

   ERRATA 70

FIN.

www.ingramcontent.com/pod-product-compliance
Lightning Source LLC
LaVergne TN
LVHW051455090426
835512LV00010B/2157